儿童财商课

含含妈咪 著

U0340617

天津出版传媒集团

天津人民出版社

图书在版编目（CIP）数据

儿童财商课 / 含含妈咪著 . -- 天津 ：天津人民出
版社，2018.7（2019.4 重印）

ISBN 978-7-201-13139-9

Ⅰ．①儿… Ⅱ．①含… Ⅲ．①财务管理－儿童读物

Ⅳ．① TS976.15-49

中国版本图书馆 CIP 数据核字（2018）第 059156 号

儿童财商课

ERTONG CAISHANGKE

含含妈咪 著

出　　版　天津人民出版社
出 版 人　黄　沛
地　　址　天津市和平区西康路 35 号康岳大厦
邮政编码　300051
邮购电话　（022）23332469
网　　址　http://www.tjrmcbs.com
电子邮箱　tjrmcbs@126.com

责任编辑　王昊静
策划编辑　马剑涛　吴海燕
特约编辑　刘欢苗
装帧设计　胡椒书衣

印　　刷　大厂回族自治县彩虹印刷有限公司
经　　销　新华书店
开　　本　880×1230 毫米　　　1/32
印　　张　6.5
字　　数　240 千字
版次印次　2018 年 7 月第 1 版　　2019 年 4 月第 2 次印刷
定　　价　45.00 元

时代的发展对个人各方面素质的要求越来越高，为了让孩子拥有一个美好的将来，父母们可谓煞费苦心。可是，有不少父母在教育孩子的时候都陷入了一个误区：只注重智商、情商的培养，而忽略了同样重要的财商教育。尽管有的父母已经意识到对孩子进行财商教育的重要意义，但在真正的实践过程中，却有心无力，不知该如何对孩子进行财商教育。

其实，财商同样是很重要的品质，它不仅关系到孩子对待财富的态度，更与他们获得财富的能力息息相关。因此，对于孩子来说，财商是一种不可或缺的素质，与智商、情商同等重要，是孩子在经济社会中必须具备的能力。一个人的真正成功=智商+情商+财商。

著名的投资大师巴菲特说过："诺亚并不是在已经下大雨的时候，才开始创造方舟的。"言外之意就是说财富需要提早准备和积累。理财专家经常强调一句话："幼不学财，财不理你终生。"它给我们的启示是：理财教育要及早进行，而不是等到孩子长大了再去灌输，因为那时候已经来不及了。如今，很多发达国家的父母在教育孩子时，已经在不知不觉间增加了一门重要的课程——财商课。并且，财商教育已经成为中小学的必修课。因此，父母作为孩子的第一任老师，一定要认识到财商教育的重要性，担负起孩子财商教育的重任，当你真正提高了孩子的财商，他很可能会在将来获得大的作为。

本书在内容讲解方面是循序渐进、由浅入深的，从父母认识到财商教育的重要性出发，分章向父母介绍提高儿童财商的方法，比如，通过教孩子学会如何聪明地花钱，教孩子如何合理支配零花钱、如何省钱、如何投资，教孩子如何认识到财富的真正意义等方面来培养孩子的财商。从体例上看，每章后都设有"大富翁的理财经验"栏目，小节中包含"财商小案例"和"财商小课堂"，这些小板块生动形象、实用具体、贴近生活、便于参考，能帮助父母轻松掌握和运用财商教育的方法。

《富爸爸，穷爸爸》一书中说："富人之所以一直是富人，是因为在经济繁荣时期，他们知道如何赚钱；而在出现经济危机的时候，他们甚至会做得更好。"父母们，请为您自己以及您的孩子做好准备，迎接变幻莫测的生活吧！

目录

CONTENTS

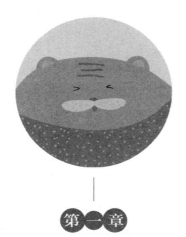

第一章

财商启蒙，开启孩子
财商的智慧

很多父母都知道，在孩子的成长过程中，智商和情商对于孩子的发展具有积极作用，却往往忽略了与智商、情商同等重要的财商。实际上，三者是相辅相成、缺一不可的。财商教育重在"商"，是指对财富处理的方法，说到底是一种智慧。因此，父母要认识到智慧在财商教育中的地位，要教孩子重视并且培养财商智慧，找到致富的源泉。

什么是财商

财商（Financial Quotient）一词最早由美国作家兼企业家罗伯特·T.清崎（Robert T. Kiyosaki）在《富爸爸，穷爸爸》一书中提出来的。Financial一词，在中文中译作"金融"，清崎的本意是指"金融智商"，英文缩写为FQ。

财商是一个人认识金钱和驾驭金钱的能力，是一个人在财务方面的智力，是理财的智慧。它具体包括两个方面的能力：一是正确认识财富及财富倍增规律的能力（所谓的"价值观"），二是正确应用财富及财富倍增规律的能力。财商是与智商、情商并列的现代社会能力三大不可或缺的素质。智商反映人作为自然人的生存能力，情商反映社会人的社会生存能力，而财商则是人作为经济人在经济社会中的生存能力。

财商主要由以下四项技能组成。

·财务知识：阅读理解数字的能力。

·投资战略：钱生钱的科学。

·市场、供给与需求：提供市场需要的东西。

·法律规章：有关会计、法律及税收之类的规定。

财商可以通过后天的专门训练和学习得以改变，改变你的财商，可以联动地改变你的财务状况。在当今的经济社会中，我们时时刻刻都离不开钱，每天都面对赚钱、花钱、存钱、投资等直接和钱有关的活动，而每一个环节都因为各人的财商不同，产生的结果也完全不一样。"上算智生钱，中算钱赢钱，下算力换钱"，这句话充分说明了财商的重要性。下面我们来看一则故事，说明的正是财商高的人与财商低的人的不同的理财结果。

财商小案例

从前，一个国王要出门远行，临行前，交给三个仆人每人一锭银子，吩咐道："你们去做生意，等我回来时，再来见我。"国王回来时，第一个仆人说："主人，你交给我的一锭银子，我已赚了十锭。"于是，国王奖励他十座城邑。第二个仆人报告："主人，你给我的一锭银子，我已赚了五锭。"于是，国王奖励他五座城邑。第三个仆人报告说："主人，你给我的一锭银子，我一直包在手帕里，怕丢失，一直没有拿出来。"

于是，国王命令将第三个仆人的一锭银子赏给第一个仆人，说："凡是少的，就连他所有的，也要夺过来；凡是多的，还要给他，叫他多多益善。"这个理论后来被经济学家运用，命名为"马太效应"。

一开始，一个人手头的钱多少并不是主要的问题，关键在于这个

儿童财商课

人能否让财富由少变多，多了又再多，所以一个人要懂得理财的重要性。相反，如果像故事中第三个仆人那样，不但不会变富，反而会变得越来越穷。"马太效应"在我们的日常生活中时刻存在着。具备理财的智慧是现代每一个人必备的生存能力。

财商形成的最佳时期是儿童时期，所以父母要正确地培养儿童的财商，帮他树立正确的金钱观、价值观和人生观，让他在以后的人生中更好地生活。

⑤ 财商小课堂

衡量财商的标准

衡量一个人的财商不是用资产净值、薪水，或者一个人座驾的牌子、拥有房屋面积的大小来衡量，而是看一个人是否可以用钱买到更多的自由、更多的幸福、更多的健康，甚至在生活中买到更多的选择。

要从小培养孩子的财商

目前，社会上普遍存在着这样一种现象：一个已经大学毕业了的孩子，却不出去找工作，而是继续待在家里靠父母过日子。像这样的人，在今天的社会中有很多，人们给这类人取名叫"啃老族"。这种现象不能不说是当前社会的一种悲哀。为什么我们的社会中竟会出现这种现象呢？这在很大程度上与父母忽略了从小对孩子进行财商教育有关，孩子不知道父母赚钱的辛劳，才会心安理得地花这些钱。

另外，还有很多父母认为孩子还小，对其进行财商教育太早了。有的甚至认为跟孩子谈钱，会使孩子从小沾上铜臭味，所以对于这个话题根本不屑一顾。

事实上，随着我们生活水平的不断提升，对孩子进行财商教育已经显得越来越重要。

财商小案例

约翰·富勒是一位美国商人，小时候，家中有7个兄弟姐妹，生活过得非常艰苦。为了补贴家用，他5岁开始工作，9岁时就会卖点儿小东西贴补家用。

约翰·富勒的家里虽然很贫穷，却有一位很了不起的母亲，他的母亲经常语重心长地对他说："我们现在之所以这么穷，是因为你爸爸从未有过摆脱贫穷的愿望，我们家里的每个人都没有远大的抱负。"母亲的这些话一直深埋在富勒的心中，他一心想要改变家里贫穷的状况，于是开始努力追求财富。

12年后，富勒接手了一家被拍卖的公司，并且还陆续收购了7家公司。在别人问他成功的秘诀时，富勒总是引用他母亲的话说："只要有成功的愿望，每个人都有可能会成功。虽然我不是富人的后代，但我可以成为富人的祖先。"

故事中富勒的母亲正是因为从小就很注重对富勒的财商教育，才为他以后的事业提供了一个坚实的基础。因此，对于父母来说，要想让孩子以后能够获得成功，并不是要努力地为他们积累财富，而是要让孩子拥有理财的意识和头脑。

全世界的儿童教育专家对孩子的财商教育越来越重视，其目的就是通过财商教育使孩子能够尽早拥有理财观念，为今后创造财富打下良好的基础。

为世界各国培养出1000多名CEO的教育家夏保罗说，美国许多父母在如何对孩子进行教育的问题上有一个共同的认识：在孩子IQ（智商）、FQ（财商）、EQ（情商）的教育培养中，FQ（财商）的教育培养最重要，要想子女成才，就一定要从他们小的时候开始进行理财教育。

　　因此，培养孩子的财商要趁早。一般来说，12岁以前是培养孩子理财能力的黄金时期，所以父母要及早做好准备。

$ 财商小课堂

财商启蒙的开始

　　中国人常说的一句话是"三岁看大，七岁看老"。这句话有着很强的科学性。从发展心理学的角度看，三岁对于一个人的性格形成以及身心发展是极为重要的阶段。国外的经验也证明，三岁正是对儿童实施财商教育的重要启蒙年龄。

儿童财商课

国外家庭的儿童财商教育

很多国家都十分重视儿童的财商教育，这种教育甚至渗透到儿童与金钱发生关系的所有环节之中。尽管各个国家的社会背景存在着差异，但这些教育的独到之处依然值得我们借鉴。以下是几个常见国家的儿童财商教育经验。

1. 美国：让儿童学会独立

美国父母希望儿童早早就懂得自立、勤奋与金钱的关系，把理财教育称为"从3岁开始实现的幸福人生计划"。

美国人对儿童财商教育有着明确的思路：3岁时能够辨认硬币和纸币；4岁时认识到我们无法把商品买光，必须在购买时做出选择；5岁时知道钱币的等价物，知道钱是怎么来的；6岁时能够找零；7岁时能够看懂价格标签；8岁时知道自己可以通过做额外工作赚钱，学会把钱存到储蓄账户里；9岁时能够简单制订一周的开销计划，购物时知道比较价格；10岁时懂得每周节省一点儿钱，以备有大笔开销时使用；11岁时知道从电视广告中发现有关花钱的事实；12岁时能够制订并执行两周的开支计划，懂得正确使用银行业务中的术语。

2. 英国：能省的钱不省很愚蠢

英国人的理财教育方针是提倡理性消费，鼓励精打细算，并且把这种理财观念传授给下一代。在英国，儿童储蓄账户越来越流行，大多数银行都为16岁以下的孩子开设了特别账户，有三分之一的英国儿童将他们的零花钱和打工收入存入银行和储蓄借贷的金融机构。

英国从2011年开始，将储蓄和理财规定为英国中小学学生的必修课。并且英国的理财教育，在儿童的不同阶段有着不同的要求：5～7岁的儿童要懂得钱的不同来源，并懂得钱可以用于多种目的；7～11岁的儿童要学习管理自己的钱，认识到储蓄对于满足未来需求的作用。

3. 日本：自力更生、勤俭持家

日本人主张儿童要自力更生，不能随便向其他人借钱；还主张让儿童自己管理自己的零花钱。日本人在教育儿童时有这样一句名言："除了阳光和空气是大自然赐予的，其他一切都要通过劳动获得。"因此，许多日本儿童课余时间都要在校外打工挣钱。

在日本，很多家庭每个月都会给孩子一定数量的零花钱，同时父母会教育孩子怎样节省零花钱，以及储蓄自己的压岁钱。而在给孩子买玩具时，无论是富裕的家庭还是贫困的家庭，都会告诉孩子只许买一个玩具，如果想要另一个，就要等到下个月。等到孩子长大一些后，一些父母会要求孩子准备一本记录每个月零花钱收支情况的账本。

4. 犹太人：更重视智慧和责任

犹太人从小就注重财商教育，对儿童财商教育的投资更是世界闻名。他们会送刚满周岁的儿童股票，这是犹太家庭的惯例，也是犹太父母对儿童独特的理财教育。

犹太人的理财教育最为重要的还是教给孩子们关于钱的最核心的理念，那就是责任。孩子知道钱是怎么来的，也就知道了节俭的重要性。不光要节俭，还要懂得付出，懂得慈善。不光是为个人，也是为社会。

总结起来，儿童财商教育主要有两个方面：一是正确认识金钱，二是正确使用金钱。父母可以从日常生活中的教育入手，在儿童对金钱的认识和使用过程中，养成孩子正确的金钱观。

$ 财商小课堂

再富不能富孩子

在中国，许多父母认为"再苦不能苦孩子"。相反，在国外，即使家庭再富有，也不会让孩子从小就认为自己不缺钱花。世界首富比尔·盖茨曾表示：再富也不能富孩子。比尔·盖茨在退休时宣布将580亿的财富捐给自己创办的基金会，而不是留给自己的孩子。在此，我们呼吁：再富不能富孩子。

父母是儿童财商教育的启蒙老师

当有些父母经常抱怨孩子乱花钱、没有储蓄的习惯时；当有些父母在担忧孩子长大后依然要"啃老"时；当有些父母期望孩子能珍惜财富时，不知道父母们有没有反思过，自己对孩子的财商启蒙教育是否做得足够好。不管父母对孩子的教育是好的还是坏的，将来对孩子的一生都会有很大的影响。

下面我们一起来看看麦考尔公司董事长从小从父母那里学会的财商智慧。

财商小案例

小时候，我父亲曾问我："一磅铜的价格是多少？"

我回答："三十五美分。"

父亲说："对，整个得克萨斯州都知道每磅铜的价格是三十五美分，但作为犹太人的儿子，应该说是三十五美元。你试着把一磅铜做成门把看看。"

儿童财商课

二十年后，父亲去世了，我试着独自经营铜器店。1974年，美国政府为清理给自由女神像翻新扔下的废料，向社会广泛招标，但没人应标。看到自由女神像下堆积如山的铜块、螺丝和木料后，我未提任何条件，当即签了字。很多人为我购买一堆垃圾的愚蠢行为而发笑。可是，当我把废铜熔化，铸成小自由女神像，把水泥和木头加工成底座，把废铅、废铝做成纽约广场的钥匙，把从自由女神像身上扫下的灰包装起来，出售给花店，让这堆废料变成了三百五十万美元现金，让每磅铜的价格整整翻了一万倍后，笑话我的人都惊诧了。纽约州的垃圾让我扬名，而这都要感谢我父亲从小对我进行的财商教育——财富是一种创意。

富兰克林·罗斯福曾在一次演讲中这样说："我要感谢我的母亲，是她让我明白了金钱的来之不易，让我懂得了珍惜与尊重，从此开始尝试去珍惜和尊重生命中的每一个人、每一件事。从9岁那年到58岁的今天，一直如此！"可见，父母给予孩子正确的教育，对他的影响将是一生的，而当他日后回顾起这段经历时，也会对自己的父母产生深深的感恩之情。

$ 财商小课堂

财商教育的重要性

财商教育不仅仅是一种财产管理分配的教育，在很大程度上还是人格、品德和诚信的教育，爸爸妈妈们要注重从小培养孩子良好的理财观念和习惯，这将会影响和改变孩子的一生。

培养孩子财商中的逆向思维

逆向思维，也叫求异思维、反向思维或创新思维，它是对司空见惯的似乎已成定论的事物或观点反过来思考的一种思维方式。拥有逆向思维的人，敢于"反其道而思之"，让思维向对立面的方向发展，从问题的相反面深入地进行探索，树立新思想，创立新形象。这种思维对培养孩子的财商有什么作用呢？我们先来看一个小故事吧。

财商小案例

一位穿着讲究的大富豪走进一家银行贷款部。"请问先生，您有什么事情需要我们效劳吗？"贷款部营业员一边小心地询问，一边打量着来人的穿着：名贵的西装、高档的皮鞋、昂贵的手表，还有镶宝石的领带夹子……

"我想借点儿钱。"富豪彬彬有礼地回答。

"完全可以，请问您想借多少呢？"营业员高兴地说。

"1美元。"

"只借1美元？"营业员惊愕得张大了嘴巴，心想：这位客户穿戴如此阔气，为什么只借1美元？他是在试探我们的工作质量和服务效率吧？于是，营业员便装出高兴的样子说："当然，只要您有担保，无论借多少，我们都可以照办。"

"好的。"那位富豪说着便从豪华的皮包里取出一大堆股票、债券等放在柜台上，然后说："这些做担保可以吗？"

营业员立刻清点了一下："先生，您的这些股票和债券价值总共50万美元，做担保足够了，不过先生，您真的只借1美元吗？"

"是的，我只需要1美元，有问题吗？"

"好吧，请您办理手续，年息为6%，只要您付6%的利息，且在一年后归还贷款，我们就可以把这些作保的股票和证券还给您……"

大富豪走后，一直在旁观察富豪举动的银行经理怎么也弄不明白，一个拥有50万美元的人，怎么会跑到银行来借1美元呢？于是，他追了上去，问道："先生，对不起，能问您一个问题吗？"

"当然可以。"

"我是这家银行的经理，我实在弄不懂，您随身带了50万美元的家当，为什么只借1美元呢？"

"好吧！我不妨把实情告诉你。我来这里办一件事，随身携带这些票券很不方便，于是问了几家金库，要租他们的保险箱，但租金都很昂贵。所以，我就到贵行将这些东西以担保的形式寄存了，由你们替我保管，况且利息很便宜，存一年才不过6美分……"

听到这里，银行经理如梦初醒，不得不钦佩这位先生，他的做法实在太高明了。

从这个故事中可以看出，这位大富豪非常有智慧，他只采用了逆向思维的方法，就取得了常人意料不到的效果。如果是按照我们常规思维惯用的做法，身上带这么多股票和债券时，很有可能会找一个安全的地方存起来，而不会想到以担保的形式寄存到银行。可见，一个拥有高财商的人，他的思维方式不应仅仅是顺时针的。

因此，在培养孩子的财商过程中，训练孩子的逆向思维是非常有必要的。因为孩子的逆向思维，可以帮助他在以后的理财过程中学会更全面地思考和解决各种理财问题。

💲 **财商小课堂**

培养逆向思维的几个关键期

3～4岁的孩子属于直觉行动思维阶段，这个阶段父母的主要任务是通过给孩子创设一个轻松、有趣、愉快的游戏环境，让他萌发思考的兴趣，并自己动手操作，让孩子经常处于积极活动的状态之中。4～5岁是孩子思维活动发展的关键阶段，此时孩子的思维已经进入具体形象阶段。5～6岁的孩子抽象逻辑思维比较迅速地发展起来了，这个阶段的孩子已经能开始使用概念、判断、推理等形式进行思维活动。

培养孩子的理财品质

理财教育的缺失是造成孩子缺乏理财能力的主要因素，在理财规划越来越受重视的今天，我们也应该重视对孩子理财品质的培养。俗话说"授之以鱼不如授之以渔"，理财专家认为，送给孩子财富不如培养他的理财意识，让孩子的德商、情商、智商、财商共同发展进步。

1. 诚信，给孩子带来财富

诚信是我们中华民族几千年来的优良传统，古人留有"以诚为本""莫失信于人""君子一言，驷马难追"的古训，同时诚信也是每一个人立身、从业、赚钱的无价资产。它是一个人最有说服力的"名片"。

一天深夜，一位有钱的绅士走在回家的路上，被一个蓬头垢面、衣衫褴褛的小男孩拦住了。"先生，请您买一包火柴吧。"小男孩说道。"我不买。"绅士回答说。说着绅士躲开男孩继续走。"先生，请您买一包吧，我今天还什么东西也没有吃呢。"小男孩追上来说。绅士看到躲不开男孩，便说："可是我没有零钱呀。""先生，你先拿上火柴，我去给你换零钱"。说完，男孩拿着绅士给的一个英镑快步跑走了。绅士等了很久，男孩仍然没有回来，于是无奈地回家了。

第二天，绅士正在自己的办公室工作，仆人说来了一个男孩要求面见绅士。于是，男孩被叫了进来，这个男孩比卖火柴的男孩矮了一些，穿得更破烂。"先生，对不起，我的哥哥让我给您把零钱送来了。""你的哥哥呢？"绅士道。"我的哥哥在换完零钱回来找你的路上被马车撞成重伤，在家躺着呢。"绅士深深地被小男孩的诚信所感动。"走！我们去看你的哥哥！"到了男孩的家一看，家里只有两个男孩的继母在照顾受重伤的男孩。一见绅士，男孩连忙说："对不起，我没有给您按时把零钱送回去，失信了！"绅士被男孩的诚信深深打动了。当他了解到两个男孩的亲生父母已经双亡时，毅然决定把他们生活所需要的一切开销都承担起来。

2. 节约，成就孩子未来的财富

著名地产商，SOHO中国的董事长潘石屹曾对儿子说："节约能成就未来的财富。"

在外人看来，潘石屹的两个孩子可算是含着金汤匙长大，是不折不扣的富二代。然而，出身于穷苦人家的潘石屹认为，过于优越的家庭环境对孩子的成长并非有利。

潘石屹曾对两个儿子语重心长地说："孩子们，正是因为出生在富有的家庭，你们才更需要在生活中学会节省。自己带盒饭，并不是吝啬，而是一种合理的节约。有时候，贫穷反而能成为将来的财富。"

见孩子们不解，潘石屹干脆讲起了自己当年的故事："爸爸刚到海南创业的时候，没有钱住宾馆，晚上只能睡在天涯海角的沙滩上，又担心衣裤被流浪汉偷走，每晚临睡前，我都先在沙滩上挖一个深坑，把衣裤埋进去，睡到上面压着才放心。第二天穿上衣服，身上的沙子淅淅沥沥直往下掉。"潘石屹说得风趣，孩子们听了却难过地低下了头……

3. 耐心，日久才能生"财"

股神巴菲特曾说："很多人希望很快发财致富，我不懂怎样才能尽快赚钱，我只知道随着时间的增长才会赚到钱。"李嘉诚认为，理财在短时间内是看不出效果的，一个人想要利用理财在短时间内快速致富，是不现实的。

巴菲特和李嘉诚的观点说明了理财是长期的事情，甚至是一辈子的事情而非是一次"冲动"。只有经过长时间的积累，你才会拥有惊人的财富。

4. 放远眼光，预测未来

一位记者在采访世界首富比尔·盖茨时问："您为什么能成为世界首富？"比尔·盖茨说了三点：（1）超前的眼光，即小生意看眼前，大生意看未来；（2）机会，即用你超前的眼光抓住一个千载难逢的机会；（3）行动，即立刻付出积极的行动。

理财需要一个长远的眼光，不仅要理好眼前的财，还要理好长远的财，这才是最佳的理财之道。

财商小课堂

孩子也要长胆识

俗话说："世上成大事者，必定有大胆识。"胆量和勇气能帮助孩子学会比较，果断行动，快速判断和选择，有这些能力的孩子，人生积极乐观，充满正能量。因此，在财商教育的过程中，父母要让孩子长长胆识。

▶ 大富翁的理财经验

洛克·菲勒：发现财富的眼光

洛克·菲勒出生在一个贫民窟里，他和很多出生在贫民窟的孩子一样争强好胜，也喜欢玩，而且很调皮，甚至还逃学。但是与众不同的是，菲勒从小就有一种善于发现财富的非凡眼光。他把一个从街上捡来的玩具车修好，让同学们玩，然后向每个人收取0.5美分。在一个星期之内，他竟然赚回了一个崭新的玩具车。菲勒的老师深感惋惜地对他说："如果你出生在一个富人的家庭，你将会成为一个出色的商人。但是，这对你来说已经是不可能的事了，你能成为街头商贩就不错了。"

菲勒中学毕业后，正如他的老师所说，他真的成了一名小商贩。他卖过电池、小五金、柠檬水，每一样都经营得得心应手。与贫民窟的同龄人相比，他已经可以算是出人头地了。但老师的预言也不全对，菲勒靠一批丝绸起家，从小商贩一跃而成为商人。

那批丝绸来自日本，数量足有一吨之多，因为轮船在运输过程中遇到了风暴，这些丝绸被染料浸染了。如何处理这些被染料浸染的丝绸，成了日本人非常头痛的一件事情。他们想卖掉，却无人问津；想运出港口扔掉，又怕被国家环境部门严重处罚。于是，日本人打算在回程的路上把这批丝绸全部抛到大海里去。

港口区域里有一个地下酒吧，菲勒经常到那里喝酒。那天，菲勒喝醉了，当他步履不稳地走过几位日本海员身边时，海员们正在与酒吧的服务员说那些令人讨厌的丝绸。说者无心，听者有意，他感觉到机会来了。

第二天，菲勒来到轮船上，用手指着停在港口的一辆卡车对船长说："我可以帮你们把这些没用的丝绸处理掉。"结果，他没有花任何代价便拥有了这些被染料浸染的丝绸。然后，他用这些丝绸制成迷彩服装、迷彩领带和迷彩帽子。几乎一夜之间，他拥有了10万美元的财富。

有一天，菲勒在郊外看上了一块地皮。他找到这块地皮的主人，说他愿花10万美元购买。地皮的主人拿到10万美元后，心里还在嘲笑他："这样偏僻的地段，只有傻子才会出那么高的价钱！"令人想不到的是，一年后，市政府宣布在郊外建环城公路。不久，菲勒的地皮升值了15倍。城里的一位富豪找到他，愿意用200万美元购买他的地皮，富豪想在这里建造别墅群。但是，菲勒没有出卖他的地皮，他笑着告诉富豪："我还想等等，因为我觉得这块地皮应该增值得更多。"

果然不出菲勒所料，3年后，那块地皮卖了2500万美元。

他的同行们很想知道当初他是如何获得那些信息的，他们甚至怀疑他和政府官员有来往。但结果令他们很失望，菲勒没有一位在市政府任职的朋友。

　　菲勒的发迹和致富，在许多人的眼中一直都是个谜。解铃还须系铃人，他那别具匠心的碑文，也概括了他不断在平凡中发现奇迹的传奇一生，帮助不少人解开他发迹和致富之谜："我们身边并不缺少财富，而是缺少发现财富的眼光。"

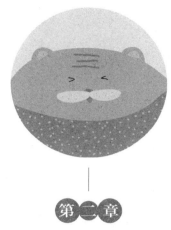

第二章

授人以渔，帮助孩子建立
正确的金钱观

金钱是一把双刃剑。父母要培养高财商的孩子，就要帮他建立正确的金钱观，让孩子明白钱是什么，钱从哪里来，钱不是万能的，让孩子明白金钱不是人生的全部，金钱是如何赚来的，等等。可以说，让孩子拥有正确的金钱观是家庭教育中非常重要的一环。

告诉孩子钱是什么

父母培养孩子财商的第一步是教孩子认识钱是什么。著名的银行家尼尔·高德佛瑞认为，想让孩子拥有正确的金钱观，首先要让孩子认识钱是什么。如果孩子连钱都不认识，又怎么建立金钱观呢？下面案例中的天天就是一个对钱毫无概念的孩子。

财商小案例

天天今年5岁了，是个活泼可爱的孩子，大家都很喜欢他。可他有一个缺点，即对钱没有概念，总是胡乱花钱，只要是自己喜欢的玩具，就一定要买，否则就不停地哭闹。有时妈妈会锻炼他自己去买东西，可天天总是算错账，最后总是自己受损失。

生活中像天天这样的孩子有很多，他们总是对钱没有概念，不知道钱是什么。这是因为很少有父母主动与孩子谈钱，他们认为，让孩子太早接触金钱不是件好事。如果孩子在父母面前提起关于钱是什么的问题，父母往往会斥责："问钱的事情干什么？"然而，越是事业成功的人，越会和孩子谈论有关金钱的话题。就像《富爸爸，穷爸爸》的作者罗伯特·清崎所说："如果父母不愿意在晚餐时与孩子谈论金钱的话题，那么等孩子长大后，绝对不明白如何管理金钱。"因此，父母应在孩子小的时候，每天抽出一些时间和他一起聊聊有关钱的话题，这些教育对孩子财富知识的积累，都是非常有必要的。

在财商教育的过程中，父母可以从以下几个方面来和孩子聊一聊有关钱是什么的问题。

1. 钱的由来

在早期的原始社会中，人们主要以狩猎和原始采摘为生。一天的劳动所得只能勉强维持家族的温饱，没有剩余的东西可供交换。后来，生产力不断发展，人们有了剩余物品去交换，比如，用五谷、盐等日常用品进行交易。

到了夏商时期，海贝是人们喜欢的一种装饰品，它具有携带方便、坚固耐用等特点，因此人们便采用海贝作为等价物，于是就诞生了中国最原始的货币——贝币。

后来，随着冶金技术的广泛使用，铸币工业得到发展。在此后相当长的一段时间里，历经不同朝代，出现了不同样式的铸造货币。直到现在，仍在使用铸造货币。

由于金属货币重量较大，不易大量携带，在北宋天圣元年，官方印发了纸质货币——交子。这也是世界上最早出现的纸质金钱货币。

后来历朝历代都有纸币发行。

2. 钱是流通工具

父母要让孩子明白，钱是有价值的，并不是他们眼里的几张纸。在日常生活中，钱是一种流通工具，人们的衣食住行样样都离不开钱。在这些过程中，人们需要用钱去换等价的所需要的物品。如果没有钱，人们就不能换到自己需的物品，那么人们也就无法生存。平时父母可以带着孩子去商场、超市等，让他们切身体会钱的概念，从而对钱有更深、更多的了解。

同时，父母也要告诉孩子，如何看待钱是衡量一个人精神境界高低的标志。钱不是生活的全部，也不是生活的目的，只是生活的一个工具而已，并不是什么事情都可以用钱来代替和衡量的。

3. 钱是人们的劳动成果

钱除了是流通工具外，也是人们的劳动成果。父母要让孩子明白，只有付出劳动和心血，人们才能得到相应的报酬，继而更好地生存下去。同时，还要让孩子明白：能力强、贡献大，所得到的回报就多；能力弱、贡献小，所得到的回报就少。借此，父母可以鼓励孩子在学校要努力学习以增强自己的能力，使自己赚更多的钱以提高生活的质量。

$ 财商小课堂

认识人民币

人民币作为我国的法定货币，代表着国家的财富，是国家主权的象征。人民币的设计、制作、发行的过程相当复杂，这个过程凝聚许多人的心血，国家也投入了很大的人力、物力和财力，因而人民币的制作成本相当高。我们每一个公民都要爱护、保护人民币，维护国家尊严和节约国家资源。

让孩子知道钱从哪里来

对于"钱从哪里来？"这个问题，孩子通常会回答"钱是从爸爸妈妈的口袋里来的""钱从抽屉里拿的"或是"钱是爸爸妈妈从银行取的"等等。至于爸爸妈妈口袋里的、抽屉里的或银行里的钱从哪里来，孩子并没有认真考虑过。就像下面故事中的天天。

财商小案例

春节的时候，天天收到了不少压岁钱，妈妈想趁机教育他不要乱花钱，就有意识地问："天天，这些钱都是从哪里来的啊？"天天看了妈妈一眼，有些不解地反问妈妈："这些钱有妈妈给的，姥姥姥爷送的，姨妈舅舅给的，您不是都知道吗！"

妈妈耐心地说道："我当然知道，但他们的钱都是怎么来的，我给你的钱又是如何来的呢？"天天看着妈妈乐了，他想了一会儿说道："他们的钱我不知道，但妈妈您的钱不是从银行里取出来的吗？上次您去银行取钱我亲眼看到的啊！"妈妈听后既感到可笑，又后悔自己以前没有告诉孩子钱是通过辛勤劳动换来的。

这看似是一个笑话，却值得父母们深思。从中我们可以看到，如果父母没有对孩子及时进行金钱观方面的教育，孩子就不知道钱是通过辛勤劳动换来的，就体会不到金钱的来之不易，加上缺乏自控力，孩子花起钱来很容易大手大脚。这样一旦形成挥霍浪费的习惯，将会影响孩子未来的发展。

因此，父母应尽早让孩子知道金钱是通过辛勤劳动换来的，是付出劳动后的报酬，并培养孩子学会对父母感恩。具体来说，父母们可以参考以下几个方面的做法。

1. 告诉孩子金钱的来之不易

在孩子的成长过程中，父母应有意识地告诉孩子金钱是通过辛勤劳动换来的，让孩子懂得金钱的来之不易，知道生活中要节约着花钱，不挥霍钱财。

由于年龄小，孩子的接受能力不是很强，这时父母要尽量用具体的描述来说明。比如，买东西花钱时，父母要告诉孩子这些钱是需要工作多长时间、付出多少劳动才能赚取的，以加深孩子对金钱来之不易的认识。

2. 带孩子感受自己的工作环境

如果父母只是口头上对孩子说"金钱来之不易"，孩子的印象可能不会太深刻。因此，如果可能，父母可以带孩子去自己工作的地方进行参观，让孩子看一看自己工作的环境，以及父母辛勤劳动的身影，使孩子亲身体验一下那些钱来得是如何不容易。

3. 让孩子在家做"小时工"

让孩子深刻体会钱的来之不易，最好的办法是让他在家做"小时工"。比如，让他帮妈妈洗碗，洗一次碗付给他一元钱；帮妈妈拖地，拖完付给他一元钱。当然，报酬也可以是答应买他想要的物品，但这个物品必须要有意义才可以。

4. 向孩子公开家庭财务状况

向孩子公开家庭财务状况，有一个好处就是让孩子尽早地加入家庭理财的行列中来。一方面可以让孩子有主人翁的意识，把父母的钱当成自己的钱来看，这样孩子也会好好考虑在家庭中还有哪些地方可以实现理财的优化。另一方面，也能让孩子明白家庭的财务状况，从而不对父母提出过高的要求。

$ 财商小课堂

卡里的钱是有限的

为了让孩子明白银行卡里的钱是有限的，父母要尽量避免使用刷卡或手机支付的方式，尽管这样比较方便快捷。父母可以带着孩子去银行还款，让孩子知道从卡里刷了多少，就要付给银行多少，而且银行还会收取一定的费用。当孩子熟悉了其中的各个环节后，就会对银行、银行卡有一个更清晰的认识。

钱是万能的吗

"钱不是万能的，没有钱却是万万不能的。"相信大人们都理解这句话，但对于孩子们而言，金钱的概念模糊不清。只有一点他们很确定，那就是钱可以买他们想要的玩具，帅气漂亮的衣服，还有好吃的东西。慢慢地，他们还会觉得，家里越有钱，自己越有优越感……其中有很多孩子认为，金钱可以买世界上所有的东西，只要有钱，就可以解决所有的问题。

财商小案例

浩浩的家境比较富裕，他兜里的零花钱比班里其他同学的零花钱加起来还要多。平时，浩浩经常带着他的同学去吃好吃的、玩游戏，去大型游乐场玩。浩浩一直都觉得自己在同学堆里很受欢迎，身边也有很多"好朋友"围着他。

有一次，浩浩的爸爸看到浩浩和他的几个同学在一家不错的饭店吃饭，结账都是浩浩结的，而且浩浩还以"孩子王"的身份在"关照小弟"。看到这些，浩浩的爸爸意识到了一个严重的问题，于是决定和孩子进行一次深入的交谈。

等浩浩回到家后，爸爸把他喊到身边，问："最近你和同学关系相处得还不错吧？"

"当然，现在我有很多朋友，我说什么他们都会听我的。"浩浩骄傲地说。

"你的朋友真的喜欢听你的话吗？还是喜欢听你手里'钱'的话？"浩浩的爸爸提示说。

"爸爸，我听不懂，什么意思呢？"浩浩疑惑地问。

爸爸耐心地解释道："假如你没有那么多钱，他们就不会再这样围着你、听你的话了，明白了吗？"

浩浩听后，不相信爸爸说的话。爸爸接着说："那我们就试试看。从明天开始，我不会给你那么多零花钱，几天内你就会看到事实真相。"

几天过去后，结果真如爸爸说的那样，浩浩的"好朋友"不再像以前那样总是围着他了。浩浩很伤心，爸爸看到后走到他身边，拍着他的肩膀安慰道："孩子，金钱不是万能的，它虽然能买到很多东西，却买不到真正的友情。"听了爸爸的话，浩浩点了点头。

案例中浩浩的爸爸在发现浩浩的金钱观出现偏差的时候，及时帮孩子纠正了过来，让孩子懂得金钱是买不到友情的。但事实上，金钱买不到的东西还有很多，有些东西是无价的，即使有再多的钱也买不来，比如健康、爱、时间、快乐等。

其实，孩子对金钱也有观察、思考和判断，父母要及时引导，给孩子正能量的金钱观，孩子就不会被媒体和社会潮流带着走。父母可以和孩子一起认识钱，和孩子一起追问"钱能做什么，不能做什么"。然后让孩子记住有关钱的口诀：

钱可以买来玩具，但买不来快乐；

钱可以买来房子，但买不来幸福；

钱可以买来礼物，但买不来友谊；

钱可以买来珠宝，但买不来美丽；

钱可以买来药品，但买不来健康；

钱可以买来书籍，但买不来智慧；

……

另外，父母在引导孩子时，要肯定孩子对金钱重要性的认识，不能因为金钱有其本身的局限性，就以偏概全地把金钱给否定掉。同时还要让孩子明白，拥有金钱不等于拥有了一切。金钱固然重要，但在这个世界上还有很多金钱买不到的东西。

💲 财商小课堂

正反方辩论

通常，父母强制性地纠正孩子错误的金钱观时，会让孩子产生排斥心理。这时，父母可以通过正反方辩论的方式，逐渐加以引导，让孩子自己说出那些金钱不能买到全部的例子，他原来的观点也就会不攻自破了。

让孩子做金钱的主人而非奴隶

在我们的生活中，我们随处可见一些人没有显赫的权势，没有富有的家财，但他们能做到知足常乐，而且倾其所有，乐善好施。

但还有一些人只知道为金钱而拼命工作，以致一生都在财务困难中挣扎。当然，人生一世没有欲望是不行的，没有金钱也是不行的，但千万不要成为欲望和金钱的奴隶。接下来我们先看一看米勒德·富勒的故事。

财商小案例

同许多美国人一样，富勒一直在为一个梦想奋斗，那就是从零开始，而后积累大量的财富和资产。到30岁时，富勒已挣到了百万美元，他雄心勃勃地想成为千万富翁，而且他也有这个本事。他拥有了一栋豪宅、一间湖上小木屋、2000英亩地产，以及快艇和豪华汽车。

但问题来了：他工作得很辛苦，常感到胸痛，而且他还疏远了妻子和两个孩子。他的财富在不断增加，但他的婚姻和家庭却岌岌可危。

一天，富勒在办公室心脏病突发，而他的妻子在这之前刚刚宣布打算离开他。他开始意识到自己对财富的追求已经耗尽了所有他真正应该珍惜的东西。他打电话给妻子，要求见一面。当见面时，他们热泪盈眶。他们决定消除掉破坏他们生活的东西——他的生意和物质财富。

他们卖掉了所有的东西，包括公司、房子、游艇，然后把所得收入捐给了教堂、学校和慈善机构。他的朋友都认为他疯了，但富勒从没感到比这更清醒过。

接下来，富勒和妻子开始投身于一项伟大的事业——为美国和世界其他地方的无家可归的贫民修建"人类家园"。他们的想法非常单纯："每个在晚上困乏的人至少应该有一个简单而体面，并且能支付得起的地方用来休息。"美国前总统卡特夫妇也热情地支持他们，穿上工装裤来为"人类家园"劳动。

富勒曾有的目标是拥有1000万美元资产，而现在，他的目标是为1000万人甚至更多人建设家园。目前，"人类家园"已在全世界建造了6万多套房子，为超过30万人提供了住房。

富勒曾为财富所困，几乎成为财富的奴隶，他的妻子和健康差点儿被财富夺走；而现在，他是财富的主人，他和妻子自愿放弃了自己的财产，而去为人类的幸福工作，他自认是世界上最富有的人。

父母要让孩子认识到金钱虽然非常重要，但再重要，也只是我们幸福生活的一部分，是达到自己人生理想的一种手段和媒介。如果一个人为了金钱而毁掉自己的人生，因为手段而失去了目标，那就是得不偿失、本末倒置。

儿童财商课

英国思想家培根说过："对于财富，我充其量只能把它叫作美德的累赘。财富之于美德，犹如辎重之于军队。辎重不可无，也不可留在后面，却妨碍行军。不仅如此，有时还因顾虑辎重，而丢掉胜利或妨碍胜利。"《富爸爸，穷爸爸》的作者罗伯特·清崎曾说："理财对于一个人来说是一种非常重要的社会生存技能，一个人必须端正对金钱的态度，不能成为金钱的奴隶，而是要让金钱为我们服务。"

总之，金钱是每一个人换取物质生活的必要媒介，我们每一个人都要做金钱的主人。父母在教育孩子时一定要注意这一点，以避免孩子形成错误的金钱观念。

⑤ 财商小课堂 ....◦

守财奴葛朗台

父母可以多给孩子讲讲反面的例子，比如，巴尔扎克的小说《欧也妮·葛朗台》。在这篇小说中，巴尔扎克先生塑造了一位让人生厌的守财奴葛朗台，他是法国索漠城一个最有钱、最有威望的商人，但他为人极其吝啬，在他眼里，女儿、妻子还不如他的一枚钱币。通过这样的故事，让孩子明白，成为金钱的奴隶是最让人鄙夷的。

孩子的必修课：君子爱财，取之有道

"君子爱财，取之有道"这句话出自《增广贤文》。《增广贤文》又名《昔时贤文》《古今贤文》，是一部古训集、民间谚语集，为中国古代儿童启蒙书之一。

相信当很多父母跟孩子讲起这句名言时，孩子们的疑问大多会是"君子的财富之道是什么？在哪里可以找到呢？"这句话被人们重复了至少四百多年，可为什么我们到现在还找不到路口呢？

还有，这句话说的财富之道是电视、网络上《财富讲坛》中讲的如何投资、理财、炒股等这些内容吗？当然不是。仁、义、礼、智、信，即"五常"，是汉代董仲舒提出来的。这也是我们做人的原则。每个人都有追求财富的欲望，但如果在这个过程中丧失仁道，那这个人最后就会注定失去财富，甚至是更多。

叶澄衷是著名的宁波商团的先驱和领袖。他做生意很有天赋，头脑清醒，性格乐观，为人处事既诚且信，宽厚待人，被称为"首善之人"。在叶澄衷传奇性的创业历程中，诚信宽厚的性格帮助他在穷途时得到难得的机缘，在萧条中仍旧昂首前行。

儿童财商课

早年的叶澄衷很穷，他的生意就是在上海黄浦江上摇木船卖小食品和杂货，偶尔摆渡渡人。一天中午，一位英国人坐他的小船到浦东去办事。船刚靠岸，英国人就匆忙离开了，结果把公文包落在了舢板上。等叶澄衷发现时，那位英国人已经看不见人影了。

叶澄衷打开公文包一看，里面有好几千美元，还有钻戒、手表和支票。这对于他来说，是第一次见到这么多财物，但他一点儿都不惊喜，而是先想到，那位英国人一定非常着急。于是，他决定在原地等那位英国人。

傍晚，英国人一脸沮丧地回来。但他怎么也想不到，他的包竟然在舢板上，更没有想到这个船工还在等他。英国人看到包里的东西一点儿都不少，特别感动，心想：眼前的这位做苦工的中国人竟然对意外之财毫不动心，品德真是高尚啊。他立即拿出一些美钞塞在叶澄衷手中以示感谢，但叶澄衷不肯收。

其实，这位英国人是一家五金公司的经营者，他见叶澄衷为人厚道，十分佩服，最后要求和他合伙做生意，叶澄衷也愉快地答应了。那一年，他才17岁。

从那以后，叶澄衷走上了经商的道路。在经营中，他一如既往地秉承"君子爱财，取之有道"的原则，赢得了众多的消费者，成了著名的"五金大王"。

其实，爱财本身并没有什么不妥之处，只有在取财和用财的

"道"和"度"上，才能分出一个人道德品质的高低。一个人如果能够合法合理地赚钱，又能合法合理地花钱，不但能让自己过得更好，而且对社会、对国家也是一种贡献。

父母在培养孩子建立正确的世界观和金钱观时，这一点是不容忽视的，必须要让孩子明白什么是"君子爱财，取之有道"。父母不仅要让孩子记住这句名言，更重要的是在生活中，让孩子能自己诠释这句话，这个过程既能帮孩子加深理解，又能让孩子懂得来自心灵的力量无比强大。

💲 财商小课堂

别和孩子哭穷

孩子遇到了钱的问题，也就遇到了尊严的问题。如果父母经常对孩子这样说"咱家没钱，买不起""这个太贵了"等等，孩子每天生活在"父母哭穷"的世界中，很容易会形成攀比风、炫富风和奢侈风。电影《当幸福来敲门》里的老爸克里斯，在自己事业不顺、生活潦倒之际，没有跟儿子说过一个"苦"字，而是教育儿子：不要灰心，要捍卫梦想。因此，不管是穷爸爸还是富爸爸，都别向孩子哭穷。

► 大富翁的理财经验

巴菲特和他的财富表

　　美国财富大亨巴菲特于1930年出生在一个知识分子家庭。当时的社会状况很糟糕：1929年经济大萧条，不久之后"二战"爆发。

　　巴菲特的爷爷是开杂货店的，巴菲特的爸爸霍华德是知识分子，在银行工作。巴菲特出生没多久，银行倒闭，霍华德失业。巴菲特的爷爷对霍华德说，我雇不起新的员工，但是吃饭没问题，日常生活的开销，我埋单。

　　霍华德不愿当"啃老族"，和朋友开了个证券公司，开启了创业之路。他让巴菲特的妈妈回娘家，这样就可以保证全家一日三餐有饭吃。巴菲特的妈妈不肯，她认为她的责任在家庭。她在生活上节衣缩食，为了保证霍华德有饭吃，常常自己不吃饭。慢慢地，霍华德的公司有了起色，经济情况也逐渐好转。

　　巴菲特就是在这样的艰苦环境下长大的。巴菲特在童年从家庭里不断得到的一个信息就是"世上没有免费的午餐"。

　　5岁时，巴菲特在家外面的过道上摆了一个小摊，向过往的人兜售口香糖。后来，他不满足于在家做买卖游戏，想要一个更大的市场，就走出家门到繁华的市区卖柠檬汁。

6岁时，他开始逐门逐户叫卖可口可乐。卖汽水比卖口香糖赚得多：每卖6瓶汽水，他能挣5美分。他还发动邻居帮忙捡打飞的高尔夫球，洗干净了加价卖出去。长了一岁后，巴菲特的买卖行为开始升级，由原来的小摊游戏提升为批发销售，由一个人的买卖变成组织大伙支持他的生意。

7岁的巴菲特因为得了盲肠炎，住进医院并做了手术，在医院中，他拿着铅笔在纸上写下许多数字。当护士问他写的数字是什么意思时，他回答说："这些数字就是我未来的财产，虽然我现在没有很多钱，但总有那么一天，我会非常富有的。"这时，巴菲特开始做起了财富梦。

9岁的时候，巴菲特和拉塞尔在加油站的门口数着苏打水机器里出来的瓶盖，还把它们运走，储蓄在巴菲特家的地下室里。他们这样做的目的就是想知道，哪一种饮料的销售量最大。这时的他开始学会运用市场消费学的理论。

11岁的巴菲特第一次买股票。他把姐姐拉入伙，买了114美元的城市服务公司的股票。股票刚刚升值，他赶紧抛售，赚了5美元的纯利。

13岁时，巴菲成了《华盛顿邮报》的小发行员。他每天早晨要送约500份《华盛顿邮报》。凌晨4点半到达报业公司取报纸，送完报纸上学。下午放学之后，骑上自行车又去送《明星晚报》。同时他还通过推销杂志来提高收入。这个业余兼职的初中生每个月可以挣到175美元，比他学校的老师挣的还多。

14岁时，巴菲特花了200美元，买了一块40英亩的农场。后来一位农户租下了这个农场，利润两个人共享。巴菲特当上了农场主。

21岁时，巴菲特已经对自己的投资能力超级自信。到1951年底，他已经将他的资产从9804美元增值到19738美元。也就是说，他在一年之内挣了75%的投资利润。

……

1956年，26岁的巴菲特已经准备退休了。

"我大约有174 000美元，准备退休了。我在奥马哈安德伍德大街5202号租了一间房子，每个月付175美元。我们每年的生活费是12 000美元，而我的资产还在增长。"是的，他的财富还在增长，而且增长的速度是惊人的。

第三章

小小零花钱，孩子理财教育
第一课

对于孩子来说，零花钱是他们最早能够真正支配金钱的开始，且"零花钱"这个问题，是典型的"小问题大学问"。零花钱是一种用来培养孩子理财观念的工具，可以帮助孩子学会理财技巧。也就是说，教孩子使用零花钱是让孩子学会如何预算、节约和自己做出消费决定的重要教育手段。

孩子应该有零花钱吗

"应不应该给孩子零花钱？"这是目前父母们讨论得比较热烈的一个话题。

一些父母表示："最好不要给孩子零花钱，现在学校周围的小超市太多，孩子无法控制自己，难免养成乱花钱的坏习惯。"还有一些父母认为："孩子慢慢地有了消费意识，父母就应该尽早培养孩子的理财能力，而不是用不给零花钱的方式防止孩子乱花钱，也不能因为孩子年龄小而剥夺了孩子自由消费的权利。"

西方心理学家认为：孩子的兜里越早有钱，他们就能越快地适应成年后的生活。有资料表明，即使是很小的孩子，也会为自己有个小钱包而感到自豪。哲学家培根曾说："如果孩子小的时候，在金钱上过分吝啬于他，孩子在性格上将会变得猥琐。"可见，孩子在小的时候如果没有与金钱接触，没学会怎样使用钱，长大后其财商会难以适应经济社会的发展。

因此，在这里我们倡导父母们应该坦然地给孩子一定的零花钱，同时教会孩子合理、正确地使用零花钱，这样才更有利于培养孩子正确的财富观。不给孩子零花钱这样的做法，出发点虽好，结果却容易让父母们失望。因为这种控制本身已表达了不信任，且已剥夺了孩子消费方面的自由选择，又表现得很苛刻，所以对孩子财商的培养并无好处。

另外，零花钱对于孩子还有很多积极的意义。主要有以下几个方面。

1. 零花钱可以作为孩子的智力玩具

无论硬币和纸币，都蕴藏着丰富的细节和文化内涵，父母可以借此机会提高孩子的观察能力，普及文化常识。

2. 培养孩子的消费观

父母可以通过零花钱让孩子了解基本消费和奢侈消费的区别，认识到节约是对劳动的尊重，杜绝奢侈消费和攀比心理。

3. 培养孩子的金钱观

父母可以通过零花钱让孩子懂得金钱是劳动所得，是用来满足生活需要的。

4. 培养孩子的自主能力

定期、定量地给孩子零花钱，规定孩子负责给自己买铅笔，剩余的钱可以自由消费，可增强孩子的自主意识。

5. 借机进行财商培养

父母可适当地让孩子参与家庭理财计划，引导孩子理性消费，向孩子渗透开源节流的意识。

💲 财商小课堂

零花钱的自由支配

父母要注意，孩子的零花钱要由孩子自由支配，主要用途是购买孩子喜欢的小饰品、小玩具、小食品等小件物品。至于孩子的书本、伙食、服装等花费，均属于孩子的教育和生活费用，这些费用不等同于给孩子的零花钱。

应该怎么给孩子零花钱

现在的孩子对于零花钱的需求越来越大，而且花样百出；"爸爸，给我五十块钱，我要买一个变形金刚。""妈妈，我的铅笔用完了，给我五块钱。"……父母既不想拒绝孩子的要求，又害怕孩子拿到钱以后乱花，所以常常会感到左右为难，不知所措，不知道应该怎么给孩子零花钱。

财商小案例

周一，林老师在班里举行了一次"勤俭节约，从自己做起"的主题班会。林老师微笑着问同学们："同学们，平时爸爸妈妈一周会给你们多少零花钱啊？"

"50元""20元""100元"……同学们争先恐后地回答道，那些零花钱少的同学却沉默不语。

"1000元"突然从后排传来这样一个声音，同学们听到后顿时安静了下来，回头一看，是淘气的张小北。

儿童财商课

张小北看到大家脸上惊讶的表情，接着说："我爸爸平时就知道在外面赚钱，回来了就往我口袋里塞好多钱。当然，爷爷奶奶也会给我零花钱，但我感觉我的零花钱还是不够花。"

案例中张小北的家人给了他不少零花钱但还是不够花，其主要原因是父母在给他零花钱的时候没有制订一个合理的计划，从而导致张小北不懂得如何合理地消费和管理零花钱。

给孩子零花钱不仅是一种智慧，更是一种艺术，也是每个父母必修的课程。如果父母在这个方面没有做好，那么提高孩子的财商也就是一纸空谈。给孩子零花钱，父母要注意以下几个方面。

1. 给孩子零花钱要量入为出

每个家庭的生活情况不一样，在给孩子零花钱时，最重要的一点是要量入为出。父母要让孩子明白，零花钱的有无、多少与父母对孩子的爱的程度无关。每个家庭都要根据自家的实际情况，在留存能保证孩子完成所有学业费用的前提下，再视情况决定该给孩子多少零花钱。

2. 固定发放零花钱的时间

父母在给孩子零花钱时应该定期发放，这样孩子在支配零花钱的时候就会有计划性。年龄较小的孩子可以一天发一次零花钱，每次的数额不要太多；年龄稍大的孩子可以一周发一次，或者一个月发一次。

3. 积极引导孩子不要和其他人攀比

由于每个家庭的经济条件各不相同，在同一个班里，孩子的零花钱也有多有少。这就容易使零花钱少的孩子产生攀比、自卑等不良的心理。这时，父母应积极引导孩子不要和其他人攀比，而要努力学习，用自己的双手创造更好的生活条件，不要因为先天因素和家庭条件差而感到自卑。

4. 父母要区分孩子的需求是否合理

当孩子提出要零花钱时，凡是那些合理的要求，比如是买书本、课外读物等，父母就应满足孩子，让他自己去购买。这样不但可以激发孩子的学习兴趣，还可以培养孩子的独立性；对于不合理的要求，比如是买零食、重复性买玩具等，父母就要果断拒绝，并向孩子说明道理。

同时，父母给孩子零花钱要避免以下两个误区。

1. 将零花钱与表示对孩子的爱挂钩

有的父母或其他亲人为争夺在孩子心目中的地位，往往会给孩子零花钱并在数额多少上相互攀比。这是非常短视的行为。零花钱不该打上"收买人心"的烙印，它是与爱无关的。父母应该与其他亲人在意见上达成一致，让孩子只从一个渠道得到零花钱，这有利于对零花钱发放数额与使用方式的管理。

2. 将零花钱与孩子的学习成绩挂钩

父母要知道，基于金钱刺激产生的动力比基于兴趣和责任产生的动力要短暂且薄弱。将零花钱和孩子的学习成绩挂钩，这无疑是一种变相的贿赂，用金钱来作为一种物质刺激，有碍于培养孩子端正的学习态度，有害无益。

⑤ 财商小课堂

签订"零花钱合同"

父母可以和孩子签订"零花钱合同"，合同不仅要白纸黑字地写明每月零花钱的数额，还要在零花钱的用途、每月存款额以及违约惩罚等细节上做出规定。但合同内容不宜定得太死板，要让孩子有自己安排的空间，给他自己统筹安排的机会。签订"零花钱合同"是让孩子学会自我管理、自我约束的好机会。

培养孩子记账的好习惯

　　生活中不记账的孩子有很多，父母给多少零花钱他们就花多少，并且自己想怎么花就怎么花，很多父母会认为这些都不是什么大事。其实，这会影响孩子的理财观念和理财习惯。

　　石油大亨洛克菲勒家族有着"一本账"的传统。

财商小案例

　　洛克菲勒家族是世界上第一个拥有10亿元财富的家族。尽管富甲天下，但他们从不在金钱上放任孩子。洛克菲勒家族认为，富裕家庭的子女比普通人家的子女更容易受到物质的诱惑。所以，他们对后代的要求比寻常人家反而更加严格。

　　洛克菲勒从小就靠给父亲做"雇工"赚零花钱，去田里干农活、帮母亲挤牛奶等。父亲要求儿子将他打工赚来的每一笔零花钱记账，月底结算，并检查账目是否清楚，用途是否得当。

　　后来，洛克菲勒凭借自己的努力富甲天下，但在金钱问题上他从不放纵孩子。他给孩子的零花钱起始标准仅为每周1美元50美分，每到周末领钱时每个孩子必须交账本让他审查，如果用途得当、账目清楚，下周就会增发10美分；如果用途不当、账目不清，下周的零花钱就下调10美分。另外，如果哪个孩子能拿20%以上的零花钱进行储蓄，他将向孩子的账户补加同等数额的存款作为奖励。

洛克菲勒通过这种方法，使孩子从小养成不乱花钱的习惯，学会精打细算、当家理财的本领。洛克菲勒家族对孩子的财商教育之道，非常值得我们借鉴和学习。一个良好的记账习惯可以帮助父母时刻关注孩子的消费习惯，一旦发现不合适的消费行为，就可以及时地纠正过来。如此一来，孩子踏入社会以后，就会拥有很强的理财能力。

那么，父母应该怎样帮助孩子养成良好的记账习惯呢？具体来说有以下几个方面。

1. 父母要送给孩子一个精美的记账本

父母可以先做一个（或买一个）精美的记账本送给孩子，比如，用一些比较鲜艳的纸张，再画上一些精美的卡通形象，同时鼓励孩子根据自己的想法来完善表格，孩子一定会有兴趣的。

2. 父母要耐心引导和监督孩子记账

刚开始孩子记账缺乏经验，父母应该耐心引导，帮助孩子把最近一个时期的收支情况记录下来，让孩子慢慢养成记账的习惯。另外，父母的监督也不可或缺。因为记账本上的情况显示着孩子的消费习惯和特点，父母一旦发现孩子有盲目消费和攀比的行为时，就可以及时地纠正过来。

3. 让孩子学会完善账本

首先，必须掌握好收入的规律。孩子一般的收入项目有：上月剩余钱、当月零花钱、做家务赚的钱、其他收入如长辈给的钱。其次，要掌握支出规律。通常情况下，支出项目分为储蓄、礼物或捐赠、消费这三项。这样做是为了让孩子明白储蓄和分享的重要性。同时，支出项目也可以分为日常生活的固定支出和有特殊用途的无规律的变动支出。

4. 奖惩分明，鼓励孩子坚持记账

父母要提前和孩子约定好奖惩机制：如果孩子能够坚持记账，并且合理规划自己的收支，父母就应该及时给予奖励；如果孩子没能坚持，或者收支不合理，父母则要对孩子进行一定的惩罚。比如，账本用途得当、账目清楚，下周就增发零花钱；账本用途不当、账目不清，下周的零花钱就要下调。

$ 财商小课堂

记账的目的

记账不只是让孩子记录零花钱的收入和支出，更是让孩子熟悉"财务规划"的概念。财务规划要求确切地掌握平时相对固定的收入和支出规律，提前做好计划，以便在着急花钱的时候有所准备。

让孩子学会合理支配零花钱

前面我们讲了给孩子零花钱是一个重要的问题，然而，给了孩子零花钱后，如何引导他正确地支配是一个更重要的问题。许多父母都给孩子零花钱，而且零花钱的数额在不断攀升。零花钱多了，如果放任不管，不但会造成浪费，而且可能助长孩子花钱大手大脚的不良习惯。

财商小案例

12岁的凯凯是六小的一名五年级学生；天天和凯凯同龄，是八小的一名五年级学生。在六一儿童节那天，父母们都会给孩子一些零花钱。凯凯的爸爸给了他200元，天天的妈妈给了他100元。

儿童节当天早上，凯凯出门时，先花了5元钱买早餐，然后和其他小伙伴一起去了小饰品店，很快就看上一件小礼品，于是花出去20多元买了下来，作为自己的儿童节礼物，然后中午凯凯又打车到餐厅和同学聚餐，车费花了15元，同学聚餐AA花了32元。下午又去书店买了两本漫画书，共24元。下午凯凯觉得该回家了，累了一天的他不想走路了，直接打出租到了家门口，花了20多元。这时，凯凯知道自己的包里还有剩余的钱，至于剩了多少，他也懒得数了。当然，他也压根就没想要把剩下的钱存到银行，只想着现在有花的就行。

而天天呢，当天一早起来，先在家里吃过早餐，然后乘坐公交车到学校参加六一活动。中午学校安排了野营活动，天天也参加了，但他的午餐都是自己从家里带去的。当大家下车购物时，天天精挑细选，选了一件自己很喜欢的礼物，只花了10元。下午回家时，他经过一家书店，花了20元买了一本作文书。到家时，天天看了看手表觉得时间还早，于是他走了500米，来到银行，把剩下的70元存入了自己的账户。天天从5岁开始就拥有了自己的银行账户，并开始存钱。现在，天天的账户里已经有1万多了，他又用其中一些钱买了一些有潜力的股票和基金。对此，天天很自信地说："等我长大后，这些钱供我上大学也就够了。"

从上面的案例我们可以看到，凯凯和天天支配零花钱的方式截然不同。哪个孩子能更合理地支配自己的零花钱呢？相信大家都很清楚了。

其实，两个孩子不同的支配零花钱的方式，主要是源于父母对孩子是否进行过正确的引导。

对于零花钱，孩子在小的时候是否能够合理支配，对于他以后的理财教育非常重要。因为零花钱的合理使用是教育孩子理财的重要工具，它可以教孩子学会如何自控、预算、节约和消费等。

那么，父母应怎样引导孩子合理支配零花钱呢？父母们可以从以下几个方面入手。

1. 合理消费

父母应引导孩子进行合理消费，比如，买课外书籍、学习用品、衣服、礼物等，只要是合理的消费，父母就要引导孩子拿自己的零花钱消费，让孩子养成理财的习惯。

2. 投资理财

现在的理财产品非常多，有一些是适合孩子的。父母可以跟孩子讲解如何让孩子利用零花钱理财，让孩子明确后期的收益，从小培养孩子的理财观念。

3. 教育基金储备

虽然孩子现在才上小学，但后期他上中学、大学等需要花费一大笔资金。父母可以给孩子做好规划，让孩子自愿把一部分零花钱存起来作为教育基金储备，后期投入到孩子的教育中去。

4. 公益活动

父母不妨从小培养孩子，让孩子把一部分零花钱存起来，然后捐给贫困地区的儿童，让孩子知道帮助他人的同时，自己也会快乐。

⑤ 财商小课堂

让孩子了解负债

负债在财商中的解释是一个中性词。负债的好坏需要用现金流来判断，当负债的运用产生出正向现金流入时，负债就是创造财富的有效工具，是好债；当负债产生负的现金流出时，负债就是坏债。能运用好债务的人都是财商高手。有的人用负债去创业投资，带来收益，这是好债；有的人用负债去做风险大的生意而导致损失，这就是坏债。

不要没收孩子的压岁钱

孩子的零花钱有一个重要的来源是过年时长辈们发的压岁钱。压岁钱最早出现于汉代，又叫"压胜钱"。顾名思义，就是希望孩子得胜。当时它并不在市面上流通，只是铸成钱币形式的玩赏物，其功能就是辟邪。每年过年的除夕之夜，长辈们就会给孩子象征性地发一些。

如今，随着生活水平的提高，长辈们发压岁钱的数额也变得相当可观。

网络上曾曝出某市一小女孩从亲戚那里收到了2万元"巨额红包"的新闻。只不过，很多时候，长辈的打赏到了手里，还没暖热，就被另一只手接了过去。"你还小，压岁钱先存妈妈这里，留着将来给你上大学、娶媳妇用……"年复一年，这样的场景不断重演，还没等到上大学、娶媳妇的年纪，我们就已经明白：这些年被妈妈哄走的压岁钱，恐怕永远都要不回来啦！但父母这样做真的好吗？

《富爸爸，穷爸爸》的作者罗伯特·清崎说："如果你不教孩子金钱的知识，将会有其他人取代你；如果让骗子、奸商、警察取代你，必将付出惨重的代价。"

财商小案例

几年前，一位记者采访过一个少年犯。因学校组织春游，每个人要交30元，他手里没有钱。在放学回家的路上，他想到回家向妈妈要这份钱，妈妈一定会数落自己，于是就想在路上抢别人的钱。他躲在一堵围墙后面，等待着"猎物"的出现。这时，一位穿着时尚、身材纤细的女子走来。他看周围没有其他人，一个箭步冲出去，双手使劲地拽女子臂弯中挎着的包，竟然没有拽过来。这个女子边大声喊"抢劫了，抢劫了……"，边揪住了他的头发，很快周围来了几个人，一起将他捉拿归案。

他的妈妈第一次去监狱看望他，说："为了30元，你去做违法的事情，值吗？"这时，让他妈妈很惊呆的是，他不但没后悔，反而还气愤地顶撞他妈妈："太值了！每年的压岁钱，还没等我攥热，你们就没收走。跟你们要钱比登天还要困难。"

妈妈看到儿子这样，眼泪不停地流下来："没有钱也不应该去抢啊！我们拿了你的压岁钱都是在帮你保管，为了你好，难道你不明白吗？"

这个案例反映了中国一个普遍的问题：父母一直在帮孩子做、替孩子做、为孩子做，总之一切都是为了孩子，殊不知这种行为引发了孩子对钱的贪欲。

据调查显示，60%的父母要求孩子上缴压岁钱，让父母来处理；30%的帮助孩子把压岁钱存起来，不必上缴；仅有10%的父母让孩子自行处理。

在中国，一般孩子真正接触到的第一笔属于自己的财富就是压岁钱。但大部分父母害怕孩子没有自制力、没有正确的是非观而胡乱花钱，往往都会没收孩子的压岁钱。但父母有没有想过：孩子都没有拥有过，你怎么知道他处理不好呢？其实，没收孩子的压岁钱对培养孩子正确的金钱观起不到任何正面的教育作用。事实上，压岁钱是启迪孩子财商、培养孩子正确金钱观的有效教育工具。

因此，父母不要完全剥夺孩子对压岁钱的使用权，而应引导他们合理正确地使用。例如，建议孩子在花钱买东西的同时，把一部分预留的钱存起来，甚至试着做投资，让孩子从小懂得合理分配钱财。毕竟，孩子的独立性和理财能力，是多少钱都买不来的。

$ 财商小课堂

压岁钱是亲情的纽带

长辈给晚辈压岁钱是我们中华民族的传统，是一种亲情的纽带。父母应让孩子通过压岁钱感受到来自长辈的一种温暖和关爱，让孩子知道拿到压岁钱并非是天经地义的，也不该用金额的多寡评判长者关爱的程度。同时，父母也要让孩子懂得回报亲情，取之亲情，用之亲情，让孩子在一点一滴的亲身体验中，懂得如何去关心与施爱他人。这将会使孩子对金钱的使用有一个更加全面正确的认识，对孩子的未来将产生积极的影响。

山姆·沃尔顿：孩子要自己挣零花钱

连续四年排名《财富》全球500强榜首的沃尔玛公司，每天都源源不断地创造着巨大的财富，拥有这家公司的沃尔顿家族则是世界上最富有的家族之一，其创始人是山姆·沃尔顿。

1918年，山姆·沃尔顿出生在美国俄克拉荷马州的金菲舍镇，是一个土生土长的农村人。从小山姆的家境就不是很富裕，父亲做过银行职员、农场贷款评估人、保险代理和经纪人等工作，擅长讨价还价。而影响山姆更多的还是母亲，虽然她只是一个普通的劳动妇女，却养成了许多良好的生活习惯。她很爱读书，待人热情，做事勤奋，将家里人都照顾得很好。而且由于家境不好，母亲一直很节俭，这些品质后来都被山姆继承下来。虽然山姆·沃尔顿后来创立了沃尔玛，拥有了很多的财富，但他对自己的子女"异常抠门"。他自身的简朴以及对子女的勤俭教育与所拥有的巨额财富形成了巨大的反差。

富豪家族教育孩子似乎有一个统一的规矩——不会无条件地为孩子发放零花钱，孩子们需要靠自己的努力来挣取零花钱。沃尔顿家的孩子从小就干过不少脏活累活，他们跪在商店地上擦地板，修补漏雨的房顶，夜间帮助工人卸车……父亲付给他们的工钱同工人们一样多。沃尔顿的长子罗布森在他刚成年的那一年就迫不及待地去考取了驾驶执照，接着就帮助父亲在夜间向各个零售点运送商品。

罗布森·沃尔顿曾说：在他们很小的时候，父亲就建议他们用自己赚得的部分收入来购买商店的股份，商店事业兴旺起来以后，孩子们的微薄投资就变成了一笔不可小觑的初级资本。通过从小的财富积累，罗布森大学毕业时，已经能用自己的钱买一栋配有豪华家具的房子了。

第 四 章
勤俭节约，孩子积累财富的
重要途径

勤能生财，俭能聚财。勤俭的人能够更好地致富，节约的人能够更好地守财，一个人只有具备了致富与守财的能力，才能让自己永远不为财富发愁。因此，父母要从小培养孩子勤俭节约的好习惯。

儿童财商课

勤俭节约，一种永不过时的好习惯

节俭是许多优秀品质的根本。古今中外，很多有识之士都十分重视节俭，竭力避免生活中的奢侈和浪费。尤其是在对待自己子女的教育上，更是注重培养他们的节俭品质。

财商小案例

长孙皇后的节俭一向为后人所推崇，《旧唐书·后妃传》中就说过，长孙皇后"性尤俭约，凡所服御，取给而已"。这段众所周知的文言文用通俗易懂的话说出来是：长孙皇后是个十分勤俭节约的人，她对于自己穿戴的服装首饰、使用的车马器具只要求够用就行了。

长孙皇后与唐太宗的长子李承乾自幼便被立为太子，太子东宫的日常事务由其乳母遂安夫人管理。当时宫中实行节俭开支的制度，太子宫中也不例外，费用十分拮据，生活开支有限。

遂安夫人经常在长孙皇后跟前嘀咕，说："太子贵为未来君王，理应受天下之供养，然而现在用度捉襟见肘，一应器物都很寒碜。"因而多次要求增加东宫的开支费用。但长孙皇后并不因为是自己的爱子就违背制度，她说："身为储君，来日方长，所患者德不立而名不扬，何患器物之短缺与用度之不足啊！"长孙皇后说得入情入理，使遂安夫人很是佩服。

人类社会发展到今天，物质生活日益丰富，人们的生活方式和消费观念也在不断变化，这是毋庸置疑的事实。但这与提倡勤俭节约并不矛盾。相反，勤俭节约作为一种文明，应该被广泛传承，大到国家，小到个人。

勤俭节约是一种态度，"一粥一饭，当思来之不易；半丝半缕，恒念物力维艰"，做到勤俭节约需要我们与自己日益膨胀的虚荣心及无穷无尽的物质欲望做斗争。勤俭节约是一种品质，"夫君子之行，静以修身，俭以养德，非淡泊无以明志，非宁静无以致远"，一个懂得勤俭节约的人往往与艰苦奋斗、乐于助人、独立自主、聪明机智等一系列美德相伴。

那么，父母具体要怎么培养孩子勤俭节约的品质呢？可以参考以下几个方面的内容。

1. 父母自己要做到勤俭节约

让孩子懂得勤俭节约，首先要从父母做起，生活在什么样的家庭，孩子就会养成什么样的生活习惯，如果父母在生活中能做到节约、不浪费每一分，孩子自然就能做到。如果日常生活中父母根本不注意，总是在吃穿等方面与他人攀比，孩子自然就会学会攀比。

2. 让孩子自己去挣钱，体会每一分的来之不易

让孩子自己挣钱不是目的，而是通过这样的手段让孩子明白，每一分钱来之不易，并不是一张口就有的。当体会到挣钱的辛苦后，孩子就不会随便浪费了。

3. 让孩子多听听祖辈们的生活故事

祖辈们有很多都经历过穷苦年代，他们更能做到勤俭节约，父母可以让孩子和他们接触，让他们给孩子讲一些早年间他们是如何生活的故事，使孩子对铺张浪费现象有所反省，进而养成节俭的好习惯。

4. 给孩子准备一个旧物收藏箱

父母可以给孩子准备一个旧物收藏箱，让孩子把当前不想穿的衣服、鞋帽，玩具、别人送的有纪念意义的东西等都放进去，孩子需要什么东西的时候，可以到收藏箱里找找，或许能让这些东西再发挥作用，这样就可以节约一笔买新东西的钱。

⑤ 财商小课堂

勤俭的美德

我国自古就以勤俭作为修身齐家治国的美德，《尚书》中说："惟日孜孜，无敢逸豫。"《左传》中说："民生在勤，勤则不匮。"《周易》中提出"俭德辟难"之说，《墨子》中有"俭节则昌，淫佚则亡"之论。

让孩子学会节约每一分钱

让孩子节约每一分钱，并不是要让孩子去过那种很艰苦的日子，也不是要培养出守财奴式的吝啬的孩子，而是要让孩子把节约下来的每一分钱都花在刀刃上。

著名的船商、银行家出身的斯图亚特曾经有一句名言："在经营中，每节约一分钱，就会使利润增加一分，节约与利润是成正比的。"

斯图亚特在做船商的时候，努力提高旧船的操作等级，这样来吸引客户，以取得更高的租金，并时刻注意降低燃油和人员的费用。

也许是银行家出身的缘故，他对于控制成本和费用开支特别重视。他一直坚持不让他的船长耗费公司一分钱，也不允许管理技术方面工作的负责人直接向船坞支付修理费用，原因是"他们没有钱财意识"。因此，水手们称他是一个"十分讨厌、吝啬的人"。甚至在建立了庞大的商业王国后，他这种节约的习惯仍保留着。

一位在他身边服务多年的高级职员曾经回忆说："在我为他服务的日子里，他交给我的办事指示都用手写的条子传达。他用来写这些条子的白纸，都是纸质粗劣的信纸，而且写一张一行的窄条子，他会把写好字的纸撕成一张张条子送出去，这样，一张信纸大小的白纸也可以写三四条'最高指示'。"一张只用了五分之一的白纸，不应把其余部分浪费，这就是他"能省则省"的原则。

他曾不止一次地告诫自己的员工："无论生意做多大，要想取得更多的利润，节约每一分钱、实行最低成本原则仍然非常必要。要知道，节约一分钱就等于赚了一分钱。节约每一分钱，把钱用在刀刃上，这应该是理财的基本要求。"

许多人常说越富有的人越吝啬，但看完上面这个故事，你还会这么认为吗？其实，有时候富人不是吝啬，而是希望每一分都能用在刀刃上，因为他们知道每一分钱都是来之不易的。而那些没有钱的人往往是"穷大方"。

下面，我们再来看一看华人首富李嘉诚在生活中是如何节俭的。

有一天，李嘉诚先生从酒店出来，当他从口袋里掏出车钥匙时，从口袋里掉出来一元硬币，掉到地上。李嘉诚的第一反应是弯下腰去捡那枚硬币，这时那枚硬币刚好滚到饭店警卫的面前，于是警卫迅速把那枚硬币捡起来递给李嘉诚。李嘉诚先生接过这枚硬币后，又从口袋里拿出一百元港币，给了那位警卫，又把这一元钱硬币也送给警卫。

对于李嘉诚先生的做法，旁边的人觉得很不解，于是便问他为什么要这样做。李嘉回答说："这一百元港币是他为我服务，我给他的薪水。如果他没有把这一元硬币捡起来，那么这一元钱就可能会掉到水沟里，这样就会浪费掉，钱是用来花的，但绝不可以浪费。"

父母在培养孩子的财商过程中，要让孩子懂得致富的首要原则是节俭聚财，节约每一分钱。一分钱虽然微不足道，但是它是财富得以生长的种子。

$ 财商小课堂

五项要求

李嘉诚曾给他的儿子提出五项要求：一是克勤克俭，不求奢华；二是拥有独立生活的能力；三是赚钱靠机遇，成功靠信誉，一个有诚信的人才是真正的君子；四是一定要有耐心，十年树木，百年树林，做大品牌，就要注重细节，有耐心，只有这样才可成就事业；五是有胆识也要有谋略。

告诉孩子节俭不丢人

很多父母认为，现在家庭生活条件好了，不需要过得很拮据，也不需要精打细算，所以不想让孩子多么节俭。持这种态度的人，把节俭视为"寒酸""土气""丢人"，将挥霍浪费当作"大方"。如此美丑不分，荣辱颠倒，是因为思想认识上存在着误区。

财商小案例

世界著名科学家爱因斯坦，一生都过着俭朴的生活。

有一次，比利时国王邀请爱因斯坦去作客，并派司机驾着豪华的汽车去车站迎接。司机从来没有见过爱因斯坦，他想：这位大名鼎鼎的科学家，一定很气派，穿着一定很讲究。于是，他的目光专门关注那些衣冠楚楚、风度翩翩的旅客。不久，走来一位手拿高级提箱，衣着十分讲究的人。

"请问，您是爱因斯坦先生么？"司机主动上前招呼。"先生，您认错人了。"那人有礼貌地回答。

接着从人群中又走来一个穿着讲究的人，还有仆人提着皮箱紧随其后。司机赶忙上前招呼："您好，请问您是爱因斯坦先生吗？""先生，您认错人了。""对不起，打扰您了。"司机抱歉地回答。

司机一连问了几个人都不是，他左等右等，也不见爱因斯坦的踪影。无奈之下，他只好回王宫复命。半个小时以后，王宫门卫报告，有一位穿着破旧西服的人，自称是国王的客人，要见国王。国王吩咐请客人进来。门卫把客人带进王宫，来客正是爱因斯坦。

国王上下打量爱因斯坦，笑着说："怪不得我的司机认不出您，连我也不敢认您了，您以后能不能换掉这套服装呢？"

"这套衣服有什么不好呢？要是衣服比里面的肉更好，岂不是一件糟糕的事啊！"爱因斯坦幽默地回答，引起众人的哄笑。

爱因斯坦的可贵之处，不仅在于他能节俭处世，更在于他能够面对俭朴的人生。实际上，人们俭朴生活时，最怕的是别人"鄙夷""轻蔑"的眼光。如果能像爱因斯坦一样，能够突破自我，就能真正做到"宠辱不惊，闲看庭前花开花落；去留无意，漫随天外云卷云舒"。

在孩子睡觉前，父母可以多给他讲讲像爱因斯坦这样俭朴处世的伟大人物，让孩子明白：任何时候，节俭都不丢人。相反，让孩子学会节俭是国外父母所极力倡导的。

美国一些家庭条件非常优越的孩子们，常在校园里拾垃圾，把草坪和人行道上的破纸、冷饮罐收集起来，学校便给他们一些报酬。他们一点儿也不觉得难为情，反而为自己能挣钱而感到自豪。还有的家庭经济并不困难，也要让八九岁的孩子去打工挣零花钱，目的是培养孩子自力更生、勤俭节约的习惯。

在比利时，孩子们通常从8岁开始，每周就能从父母那里得到零花钱，但金额不多，多是几枚硬币。孩子们要想买到自己喜欢的东西，必须一点一滴地慢慢积攒。虽然每个家庭给孩子零花钱的标准不一，但父母们培养孩子节俭意识的原则是一致的，即不会给孩子额外的"补贴"，他们必须有计划地支配自己的零花钱。

$ 财商小课堂

富人和穷人考虑事情的顺序

富人优先考虑的事情是投资证券的资产、职业满足感、储蓄、享受生活，而穷人和中产阶级优先考虑的事情是职业安全或保障、享受生活、储蓄、投资（如果储蓄有富余的话）。

让孩子明白节俭要有度

诸葛亮说过："静以修身，俭以养德。"节俭是我们中华民族的传统美德。今天，随着物质生活的富裕，奢靡之风日益盛行，节俭的美德显得更加珍贵。然而在我们的生活中，一些父母教育孩子总是"节俭，节俭，再节俭"，导致孩子产生一种错误的节俭观念：过度节俭。这种节俭观念不仅不值得我们提倡，而且我们要尽量避免。因为从某种程度上说，它会给孩子的安全、健康带来一定的威胁。

财商小案例

杰克的父亲拥有上亿的家产，在其他人看来杰克平时花钱应该是大手大脚的，想买什么买什么，可实际上事实并非如此，杰克在他的班级里是穿得最土气的一个，吃的东西都是没有营养的食物。原因是杰克的爸爸平时给的零花钱非常少。

有一次，爸爸去学校开家长会，杰克的班主任碰到他给杰克发零花钱，看到杰克拿着那一丁点儿的零花钱，就很好奇地问："我知道您的家庭条件不错，可您为什么给孩子的零花钱比普通家庭的还要少呢？"

杰克的爸爸表情严肃起来，说："您是说我小气？不是的，是责任。我这样做是为了让孩子知道钱来得不容易，从小培养节俭的习惯，长大后才能有作为。虽然我家有保姆，但我不允许保姆为孩子做任何事情，他自己的事情必须要自己完成。"

班主任回答道："您这些说得都对，可是，现在他连在学校吃饭都是吃得很少的，班里的班干部总是这样向我反映他的情况。这已经影响到他的身体健康和学习。"

杰克的爸爸沉默了一会儿说："没想到孩子这么节俭，都怪我太过于注重让他节俭了。老师，谢谢您。"

让孩子养成勤俭节约的好习惯，并不是说要孩子过分地节省。过分地节省和过分地消费都是不合理的。对于案例中因为父母太过抠门而舍不得吃饭的杰克来说，对身体和学习都是有不良影响的。美国作家约瑟·比林斯说："有几种节俭是不合算的，比如，忍着痛苦求节俭就是一个例子。"然而，并不是所有的人都懂得节俭的真正意义。真正的节俭并非吝啬，并非一毛不拔，而是省用得当。

总之，父母不要太抠门，否则孩子长大后也会变得抠门。父母和孩子都要明白节俭有度的道理。

$ 财商小课堂

穷人和富人的差别

从表面上看，富人和穷人只差在有钱没钱上。实际上，真正的差距不是钱，而是生命中内在的力量，如思维、精神、心态、毅力和勇气。父母如何向孩子传递富人的正能量，分辨哪些是让人变穷的负能量呢？比如，父母可以给孩子讲故事，看清穷人和富人的思维模式等。

言传身教，生活中节省的小窍门

古人说："勤俭永不穷，坐吃山也空。"节俭是中华民族的传统美德，也是理财的好习惯。在生活中，父母要言传身教，让孩子懂得一些节省的小窍门。

财商小案例

周敏是一个非常会过日子的人，虽然家里条件不是很优越，但是周敏总会精打细算把日子过得很好。比如，周敏总是关注商场里商品的价格，一旦遇到店家搞促销打折的时候，她总会下手买一些必需品和一些反季的衣服。这样既节省了不少钱，又买到了质量好的商品。

周敏不仅在平时消费的时候非常谨慎，很注重对孩子的理财教育。在周敏的影响下，孩子也掌握了一些节省钱的好办法。现在，孩子每一分钱都花得比较合理，并且到每个月的月底，积攒下来的零花钱都会存在自己的银行储蓄账户里。

一次，周敏和孩子一起去看望外公外婆，刚巧附近新开了一家电影院，周敏就提议带外公外婆去看电影，孩子一口答应，然后驾轻就熟上网买了团购票，才9.9元一张。

父母要让孩子知道任何一笔财富都是父母辛辛苦苦一点一点赚来的，也是需要一分一分省下来的，积少成多、集腋成裘才是永远不变的真理。

父母应多给孩子一些正面的影响，尽管不是刻意地要教孩子，孩子也会从父母的一言一行中受到影响。父母积累了一些生活中节省的小窍门时，不妨耐心地告诉孩子，让孩子也学会节省，从而培养孩子的理财能力。

1. 反季节购买

父母要告诉孩子，很多品牌都有反季节促销活动，同样的东西要低出当季不少钱，这不失为一个巧妙的省钱方法。比如，夏天买羽绒服，入秋后买夏装，能省不少钱，而且质量都很不错。

2. 乐于网购、团购

父母要告诉孩子，网购在当下既是一种潮流，又是一个便利渠道，很多购物网站上的商品都是正品，而且价格要低于商场一小部分，因为少了实体店面的租金支出，卖家大多会将商品的价格压低来吸引顾客。团购也是省钱的一个好方法，只要召集一定数量的人一起购买，就会比商品原来的价格便宜不少。

3. 囤货

首先父母要告诉孩子，囤货不是一种东西买一堆，而是一些能长时间放置的日常用品，在打折促销的时候能多买点就多买点。这样可以省去购买的时间和一部分钱。比如，牙膏、牙刷、作业本、铅笔等。

4. 自制简易玩具

父母平时应激发孩子动手做一些简易的玩具，比如，将红豆装在空饮料瓶子中，就是简单的沙漏玩具。这不仅能剩下买玩具的钱，还可以锻炼孩子的动手、动脑能力。

5. 多去免费的博物馆

周末，父母可以带着孩子去参观免费的博物馆，只要在网上提前预约，就可以免费参观。比如，国家博物馆会在每个周末都会开展丰富多彩、寓教于乐的亲子活动。国家博物馆是历史与艺术并重，集收藏、展览、研究、考古、公共教育、文化交流于一体的综合性博物馆。周末带孩子参观既丰富了知识，又节省了钱，何乐而不为呢？

$ 财商小课堂

制订购物清单

在购物前，父母可以先让孩子制订一个购物清单，这不仅可以控制孩子的购买欲，还可以让他明白什么是必须要买的，什么是可以节省下来的，这样一来就避免了消费的超支现象，自然就节省了钱。

比尔·盖茨的"吝啬"

微软总裁比尔·盖茨可以说是一位家喻户晓的名人了，大多数人对他的了解都停留在"世界首富"的概念上，殊不知，其实比尔·盖茨也是非常"吝啬"的。

比尔·盖茨衣着简朴，每次乘坐飞机时，非必要情况只坐经济舱。有一次，在美国凤凰城举办电脑展示会，比尔·盖茨应邀出席。主办方事先给他订了张头等舱的票，比尔·盖茨知道后，没有同意他们的做法，最后硬是换成了经济舱。还有一次，比尔·盖茨要到欧洲参加展示会，他又一次让主办方将头等舱机票换成了经济舱机票。

一次，比尔·盖茨到台湾去演讲，他下飞机后就让随从去下榻的宾馆订了一个价格便宜的标准间。很多人得知此事后，大惑不解。在比尔·盖茨的演讲会上，有人当面向他提出了这个问题："您已是世界上最有钱的人了，为什么要订标准间呢？为什么不住总统套房呢？"

比尔·盖茨回答说："虽然我明天才离开台湾，今天还要在宾馆里过夜，但我的约会已经排满了，能在宾馆房里待的时间，可能只有两个小时，我又何必浪费钱去订总统套房呢？"

在生活中，比尔·盖茨也从不用钱来摆阔。一次，他与一位朋友前往希尔顿饭店开会，那次他们迟到了几分钟，所以没有停车位了。于是，他的朋友建议将车停放在饭店的贵客车位。比尔·盖茨不同意，他的朋友说："钱可以由我来付。"比尔·盖茨还是不同意，原因非常简单，贵客车位需要多付12美元，比尔·盖茨认为那是超值收费。比尔·盖茨在生活中遵循他的那句话："花钱如炒菜一样，要恰到好处。盐少了，菜就会淡而无味；盐多了，则苦咸难咽。"

是比尔·盖茨小气吗？他的个人净资产已经超过美国40%最穷人口的所有房产、退休金及投资的财富总值。简单地说，他6个月的资产就可以增加160亿美元，相当于每秒有2500美元的进账。而他慈善捐款的总额，已经超过了280亿美元，是名副其实的"世界首善"。

比尔·盖茨与妻子十分疼爱自己的孩子，但是，他从不会给孩子们一笔很可观的钱，他的小儿子罗瑞总是抱怨父母不给自己买他最想要的玩具车。比尔认为，在钞票中长大的孩子，他们的养尊处优终将会让他们一事无成。所以他公开表示，他不会将自己的所有财产留给自己的继承人。他说："我只是这笔财富的看管人，我需要找到最合适的方式来使用它。"他认为每一元钱，都要发挥出最大的作用。

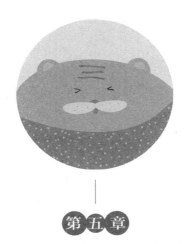

第五章

储蓄理财，让孩子做"君子有财，
用之有道"的人

现在社会上流传着这样一句经典的话：你不理
财，财不理你。而在众多的理财项目中，最重要的一
项是储蓄。学习储蓄等是培养理财能力的一个非常重
要的方面，那么，父母如何引导孩子使用零花钱，养
成良好的储蓄习惯呢？

送孩子存钱罐，让孩子养成储蓄的好习惯

中国人的传统理财观念是量入为出，总是喜欢把节省的钱存起来。只有把钱存起来，人们才会感到有安全感，有希望。现代成功学大师拿破仑·希尔曾说："对所有的人来说，存钱是成功的基本条件之一。"

但是，随着人们的经济条件越来越好，人们的消费习惯也有所改变，人们开始倡导提前消费，享受生活。在这样的理财观念下，孩子会很容易养成挥霍的消费习惯，这很不利于他们以后的人生财富规划。这时，父母们要有一个清醒的认识，帮助孩子抵御和纠正它所带来的不良影响，养成储蓄的好习惯。下面先读一个故事，或许我们可以从中找到好的方法。

财商小案例

罗斯福是美国历史上唯一连任四届的总统。他不仅治国有略，而且教子有方。

罗斯福非常反对儿子依赖父母生活，他从不给孩子们任何额外的资助。大儿子詹姆斯在读大学的时候，一次和同学去欧洲旅游。在欧洲，他看上了一匹马，便用旅费买了下来，想骑马旅行给商家做广告。为此，他给父亲发电报，要父亲寄钱，好让他回家。

　　罗斯福给儿子回了一个电报，电报上说："来电收知，'祝贺'你做了一笔一本万利的投资。若失利，我建议你游泳回美国来！"詹姆斯接到这份电报后，知道父亲不同意自己随意花钱的做法，很快就卖掉了那匹马，和同学一起坐船回到了美国。

　　回家之后，父亲送给他们兄弟几个一人一个罐子，告诉他们：这是存钱罐，如果有多余的钱，就存进去，做好花钱的计划，也为自己以后的事业储备资金。从此，孩子们不但学会了独立，而且学会了合理地支配自己的储蓄。

　　从故事中我们可以知道，罗斯福送给自己乱花钱的孩子们每人一个存钱罐，让他们学会了独立储蓄、计划消费、合理支配，慢慢地他们就可以储备自己将来的事业资金。可以说，一个小小的存钱罐，充满着大大的智慧。

　　存钱罐最早的名字叫"扑满"，是我国西汉时由民间创制的一种储蓄工具。《西京杂记》记载："扑满者，以土为器，以蓄钱，有入窍而无出窍，满则扑之。"这种用黏土做成的封闭式的小瓦罐，只有进口，没有出口，钱币能进而不能出，储满后，只有打碎"扑满"才能取出钱币，具有防止钱币被耗散的优点，因而受人欢迎，所以这种储蓄方式一直流传到现在。

儿童财商课

父母想要孩子养成自觉储蓄的好习惯，就从一个小小的存钱罐开始吧，它可以带给孩子很大的惊喜，也可以通过存钱的过程，让孩子循序渐进地学习理财，为以后成为"富小孩"打下基础。具体来说，父母可以参考以下步骤，帮助孩子养成储蓄好习惯。

1. 为孩子买三个自己喜欢的存钱罐

美国著名的教育专家戈弗雷曾在他的书中，建议父母最好给孩子买三个漂亮的存钱罐：第一个存钱罐里的钱，用于日常开销，主要购买自己的必需品；第二个存钱罐里的钱，用于短期储蓄，主要为购买较贵重的物品储蓄资金；第三个存钱罐里的钱，较长期地存在银行里。

这样的办法，很有条理地分清了零花钱的用途，更利于孩子养成良好的储蓄和理财习惯。

因此，父母可以在孩子的重要日子中，一起去挑选三个他自己喜欢的存钱罐（当然，也可以根据孩子的零花钱用途，决定到底买几个），当作礼物送给他们，让孩子更加重视自己选择的礼物。

2. 要求孩子每天坚持存钱

当孩子有了存钱罐后，父母应要求孩子每天都在每个存钱罐中存钱，即使每天只放进去1元钱甚至是1角钱。一定要让孩子坚持每天这样做，目的是让他的认知从"钱不够花"慢慢转变为"拥有足够多的钱"。如果这种习惯没有养成，孩子就很有可能会退回到那个钱不够花的贫困期。

3. 让孩子见识储蓄的神奇力量

父母可以定期和孩子一起清点存钱罐里的钱，让孩子见证自己坚持点滴储蓄的结果。这时再借用储蓄的道理，教育孩子，节约平时点点滴滴的零花钱，以实现自己的小目标，慢慢地将来就有可能实现大的目标。

最后，父母在鼓励孩子用存钱罐储蓄钱的时候，一定要向孩子讲明存钱的意义：存钱不是为了存下更多的钱，或单纯为了买自己喜欢的东西，而是以备不时之需。

$ 财商小课堂

强制孩子储蓄

现在很多人的储蓄习惯是：收入－支出＝储蓄。可是，由于支出的随意性，往往会导致储蓄结果与预期有很大差距，造成月光甚至入不敷出的可能性很大。如果我们改变一下算式：收入－储蓄＝支出，也就是先将一部分钱存起来，强制储蓄为将来消费、投资准备好充足的资金。在某种情况下，父母很有必要采取强制的方法，为孩子培养储蓄的好习惯。

儿童财商课

让孩子明白积少成多的道理

古语有云："不积跬步，无以至千里；不积小流，无以成江海。"这句话的意思是，如果一个人做事不从一点一滴做起，是不可能有所成就的。父母在培养孩子理财能力的过程中，应该让孩子明白，不要小看一分钱、一毛钱这样的小钱，一分一毛积攒起来就是大财富。很多富翁都是白手起家，他们都是从一些小事做起，珍惜和积累每一分的财富，逐渐走上了一条宽广的富裕之路的。富翁默巴克就是一个很好的例子。

财商小案例

1989年，默巴克还只是美国斯坦福大学的一名普通学生。他学习成绩很好，但他的家里十分贫寒，父母都是小职员，又养了很多孩子，所以经济特别拮据。为了减轻父母的压力，默巴克从走进大学校门起，就边读书边打工，做一些收发信件报纸、修剪学校草坪、打扫学校卫生之类的工作。后来，他又包下了打扫学生公寓的工作。

有一次，默巴克打扫学生公寓时，在墙脚、沙发缝、学生床铺下扫出了许多沾满了灰尘的硬币，这些硬币有1美分的、2美分的和5美分的，每间学生公寓里都有。当默巴克将这些硬币还给那些同学们时，他们个个懒洋洋地又不屑一顾地说："硬币？谁是这些硬币的失主啊？一把硬币装在钱包里哗哗作响，又买不来多少东西，这些硬币都是我们故意扔掉的。"默巴克觉得不可思议。这件事情后，他分别给财政部和国家银行写信反映小额硬币被人白白扔掉的实情，财政部很快就给年轻的默巴克回信说："每年有310亿美元的硬币在全国市场上流通，但其中的105亿美元都正如你所说的那样，被人随手扔在墙脚和沙发缝中睡大觉。"他吃惊不已，心想："如果让这些硬币也流通起来，那利润多么可观啊！"

大学毕业后，默巴克便成立了一家"硬币之星"公司，推出了自动换币机。顾客只要将手中的硬币倒进机器，机器便会自动点数，最后打出一张收条，写出硬币的价值，顾客凭收条到超市服务台领取现金。自动换币机收取约9%的手续费，所得利润与超市按比例分成。仅仅5年，"硬币之星"公司便在全美8900家主要超市连锁店设立了10800个自动换币机，并成为纳斯达克的上市公司。一文不名的穷小子默巴克一夜暴富，旋风般地成了令人瞩目的亿万富翁。人们都称他是"1美分垒起的大富翁"。

凡事都有一个过程，创造财富的道路也是如此，财富是需要一点一点积累起来的。在培养孩子财商的过程中，父母要让孩子明白"积少成多，聚沙成塔"的道理。在生活中，应注意节俭，养成储蓄的好习惯，因为良好的储蓄习惯不仅可以积累自己的财富，还可以用这些积累的财富处理一些紧急情况。

⑤ 财商小课堂

抱怨是家教的禁忌

不怕家穷，就怕父母总在抱怨穷。因为抱怨会毫不客气地夺走孩子的志气，抑制或激怒孩子大脑的神经细胞，造成躁狂症和抑郁症的双向情感障碍，结果会把一个聪明伶俐的孩子变成病孩子。因此，面对金钱和贫富差异带来的冲突和困扰，父母如何选择，不仅影响家庭的兴旺，也影响孩子的命运。

认识世界上最大的储蓄罐——银行

孩子有一个小小的储蓄罐，父母也有储蓄罐，他们的储蓄罐叫作"银行"，是世界上最大的储蓄罐。在培养孩子储蓄理财能力的过程中，父母可以给孩子讲一讲这个"世界上最大的储蓄罐"——银行，相信这个主题是很多孩子都很好奇的。

银行是经营存款、放款、汇兑、储蓄等金融业务，承担信用中介职能的机构，它最早出现于意大利的威尼斯（1580年）。我国第一家银行是中国通商银行，成立于1897。银行是商品经济的产物，商品经济的发展，促进了信用制度的发展。信用形式从最初的商业信用逐渐演变为银行信用，因而出现了现代银行。

财商小案例

钱钱最近对金钱方面的问题很感兴趣，经常问妈妈一些相关的问题。一天吃晚饭时，钱钱又好奇地问妈妈："妈妈，为什么你们的钱要存到银行里呢？存到我的小猪存钱罐可以吗？"

　　妈妈没有直接回答儿子的问题，而是反问："为什么我和爸爸给你的零钱，还有你自己的零花钱，你都愿意放到存钱罐里，而不是随便地放到家里的某个地方呢？"

　　钱钱摸着自己的小脑袋，想了一会儿，回答说："因为那样好找一些，而且不容易丢！"

　　这时，妈妈意识到，这是让孩子了解金融知识的好机会。妈妈耐心地对钱钱说："我们之所以把钱存到银行，是因为银行的作用和你那个存钱罐的作用差不多，不仅好找，而且取出来也方便，还有一个好处，就是更安全。即使丢了，也有办法能够找回来。把钱存到银行里还有一个存钱罐没有的好处，那就是银行可以使我们的钱越来越多。"

　　妈妈转身从自己的背包里拿出一张自己的银行卡让钱钱看："这张卡就是妈妈在银行里存钱的凭证。每次取钱，银行都要核对名字和这张卡的密码。如果这些信息不对，银行是不让妈妈取钱出来的。"

　　钱钱听完妈妈对银行的介绍后，激动地说："妈妈，我也要把我的零钱存进银行，让我的钱在银行里越变越多。"妈妈看到钱钱这么有兴趣，开心地答应了。

　　其实，案例中钱钱最开始的问题的背后，也是绝大多数孩子都会遇到的困惑。除了零花钱的支配以外，孩子的钱如何储存，是大多孩子都会遇到的问题。父母要找合适的机会，让孩子认识银行，这是孩子学会储蓄的基础内容。

　　另外，父母让孩子认识银行的过程中，通常包括以下几个要点。

1. 利息

利息是资金时间价值的表现形式之一，从其形式上看，是货币所有者因为发出货币资金而从借款者手中获得的报酬；从另一方面看，它是借贷者使用货币资金必须支付的代价。利息实质上是利润的一部分，是利润的特殊转化形式。其计算公式为：

$$利息 = 本金 \times 利率 \times 存期$$

父母可以告诉孩子，存在银行里的钱越多，时间越长，利息就越多。

2. 小额账户管理费

小额账户管理费是银行针对那些日均余额低于一定数额的账户每月收取的一定数额的账户管理费。一般各家银行都有这个收费项目，具体的数额不同。

3. 日均存款余额

所谓日均存款余额，就是每日存款余额的平均数，即统计期内将每天的存款余额按天累加，除以统计期内天数，就等于日均存款余额。其计算公式为：

$$账户日均余额 = 统计期内每天存款余额合计数 / 统计期内天数$$

4. 银行的信用

不论中央银行、商业银行还是投资银行，它们的设立都要受到国家主管部门的严格控制，从事实上保证了国家对银行信用能力的控制。另一方面，当银行的信用出现危机时，国家往往会出面进行干预，以消除银行的信用危机。这也是银行为什么能够成为我们的保险柜的一个重要因素。

⑤ 财商小课堂

复利

复利，就是本金和前一个利息期内应计利息共同产生的利息。它能在不知不觉之中使财富获得巨额的增长。一般来说，时间越长，依靠复利创造财富的力量就越强大，投资的回报也就越丰厚。而我国银行对于普通存款是没有复利的，只有单利。但是，如果是个人欠银行的债务，如贷款或透支信用卡，银行则会在计算利息时计算复利。

给孩子开一个儿童银行账户

当孩子把自己的小小存钱罐装得满满之后，父母就可以带领孩子到银行进行实地考察，让孩子观察一下人们是怎样在银行存取款的，并让孩子了解汇率、存款利率等知识，然后用孩子的名字给他开一个银行账户，让孩子亲身参与到储蓄中来。下面故事中的张宇妈妈就是这样做的。

财商小案例

张宇8岁那年，春节收到了1000元的压岁钱红包，妈妈为他开了一个儿童银行账户，并要求他每月在自己的账户上存20元。妈妈还要求他每次消费不能超过10元。给张宇开立账户后，妈妈还给他准备了一个小本子，告诉他如何充分利用账户。

张宇的父母认为，给孩子开立一个银行账户，让孩子对自己账户的存款负责，这样，他就不会养成乱花钱的坏习惯，即使花钱，他也会精打细算。

张宇每天会花10元钱，其中2元是车费，6元是餐费，2元是零花。有一次，张宇对妈妈说："妈妈，我发现超市里的饼干要比学校小卖部的便宜好多，要不然这样，我给你钱，你帮我在超市多买几包这样的饼干吧。"妈妈一听，这孩子变得这么聪明了，于是高兴地给孩子买了5包饼干，这样每包饼干就节省了3毛钱，张宇一共节省了1.5元！

张宇每天还有买报、读报的习惯，以前他很喜欢买好几份报纸，实际上感兴趣的只有一个版面或某一篇文章。后来，他给自己规定，买报纸的钱每天不能超过2元钱。慢慢地，他就知道哪些报纸组合起来能满足自己最大的阅读愿望了。

现在，13岁的张宇已经有两个属于自己的银行账户了，一个存定期，利息高，用于储存不常用的钱；一个存活期，用于日常开支，可随用随取。妈妈规定每次最多只能取50元，而且还要求他必须在月底保证收支的平衡。如果胡乱消费，就取消他使用银行卡的权利。

在孩子小的时候，父母要有意识地培养孩子的理财能力，指导孩子熟悉和掌握基本的金融知识和工具。这种做法，从短期来看，能使孩子养成不乱花钱、爱储蓄的好习惯；从长期来看，有利于孩子及早获得独立的理财能力，为以后奠定可靠的立身之本。

现在，父母尽早以孩子的名义给他开一个账户吧，让孩子亲身参与到储蓄中来。具体来说，父母要注意以下两个方面。

1. 开立儿童银行账户的事项

对于未成年人开户，中国人民银行有统一规定：居住在中国境内16周岁以下的中国公民，应由监护人代理开立个人银行账户，出具监护人的有效身份证件以及账户使用人的居民身份证或户口簿。如果没有以上两个证件的话，也可提供出生证明或独生子女证明办理。

未成年人办理的银行卡主要为借记卡（借记卡是指先存款后消费没有透支功能的银行卡），各个银行对未成年人办理的借记卡使用功能有不同的规定。另外，为了控制未成年人的消费，在缴费、网银、理财等其他功能方面，各个银行均有不同程度的限制。

2. 开立账户后，父母要和孩子约法三章

（1）不要轻易动用银行卡里的钱。

（2）规定孩子要定时存款。

（3）让孩子花自己的钱买自己想要的物品。

（4）如果出现乱消费等违规的行为，要进行惩罚。

由于孩子的自控力还比较弱，父母在教孩子使用银行卡时千万要注意，不要让孩子养成随意刷卡的习惯，要让他们懂得与银行卡相关的各种业务及理财知识就可以了。最后，父母还要教孩子如何安全使用银行卡的知识，比如输密码时应用手或身体挡住，防止被人偷窥；银行卡被吞时，不要轻易离开，可在原地拨打银行服务电话等。

$ 财商小课堂

监护人的定义

《民法通则》第16条对未成年人的监护人下了定义：未成年人的父母是未成年人的监护人。未成年人的父母已经死亡或者没有监护能力的，由下列人员中有监护能力的人担任监护人：（一）祖父母、外祖父母；（二）兄、姐；（三）关系密切的其他亲属、朋友愿意承担监护责任，经未成年人的父、母的所在单位或者未成年人住所地的居民委员会、村民委员会同意的。

孩子如何选择适合自己的储蓄方式

如何选择储蓄方式，相信大人都很清楚，可对于孩子来说是非常陌生的，当孩子开了银行账户后，通常都会遇到这个问题。我们先看一个下面的案例。

财商小案例

张小金是一名小学五年级的学生，在爸爸妈妈的指导下，他从不到一年级的时候就已经开始接触理财知识了。经过这几年的理财实践，张小金也积累了不少的理财经验。

但是，最近的他对理财有些迷茫，积极性下降了不少。爸爸发现儿子的状态不对，于是询问到底发生了什么事情。张小金愁眉苦脸地回答说："我最近积攒了一些零花钱，可是不知道选择哪一种储蓄方式比较好。我只知道定期储蓄和活期储蓄，如果存定期，那么中间我想取钱急用的时候就不能取出来，如果存活期，我的利息会很少，我也不知道自己到底应该选哪一个。"

爸爸听了儿子的话笑了笑，说："其实，储蓄方式是有很多种的，每一种都有自己的特点，我帮你分析分析啊。"……爸爸想了十几秒后，接着说："根据你的消费情况，我建议你选择12张存单法，需要用钱的时候比较方便，同时又不会损失过多的利息。"

张小金听到"12张存单法"可以满足他储蓄的要求，精神头一下子就上来了，迫不及待地要求爸爸给他讲讲具体怎么存。

当孩子有了自己的银行账户后，都会遇到这样的困惑："我应该如何选择自己的储蓄方式呢？""紧急情况下取钱，怎么才能不损失过多的利息呢？"这个时候，父母要知道这是培养孩子储蓄理财能力的好时机，可以把储蓄方式清楚地讲给孩子听，让他自己考虑哪一种储蓄方式最适合自己。

下面介绍了一些常用的储蓄方式，父母可以挑选几种介绍给孩子，让他自己决定选择哪一种。

1. 阶梯存储

如果孩子把钱存成一笔多年期存单，一旦利率上调，就会丧失获得高利息的机会；如果孩子把存单存成一年期，利息又太少。因此，可以考虑阶梯储蓄法。这种储蓄方式流动性强，又可以获得高利息。

具体步骤：如果孩子手中已经存够了5000元，那么他可以分别用1000开1年期，1000开2年期，1000开3年期，1000开4年期，1000开5年期，1年后，就可以用到期的1000元再去开设一个5年期存单，以后年年如此。5年后，手中所持有的存单全部为5年期，只是每个存单到期的年限不同，依次相差一年。

2. 四分存储

这种储蓄方式对孩子来说也是很实用的。当孩子手中存够了1000元时，可以将其分存成4张定期存单，每张存额可以分为100元、200元、300元和400元，将这4张存单都存为一年的定期存单。采用这种方式，如果孩子在一年内需要动用100元，那么只要支取100元的存单就可以了，从而避免"牵一发而动全身"的弊端，很好地减少由此而造成的利息损失。

3. 12张存单法

如此孩子可以把每个月积攒的零花钱的三分之一拿出来，存为1年期的定期储蓄，那么1年后，第1张存单到期，便可取出储蓄本息，再凑为整数，进行下一轮的周期储蓄，一直循环下去。这样，孩子手中的存单始终会保持在12张，每月都能获得一定数额的资金收益。如果孩子有急需使用资金的情况，他只要支取到期或近期所存的储蓄即可，从而减少了一些利息损失。

4. 七天通知存款

七天通知存款是一种介于活期存款和定期存款之间的存款业务，储户存入资金后，可以获得比活期存款更高的利息，但比一年期定期存款的利息稍低一些，提取存款需提前七天通知银行。因此，孩子有

儿童财商课

一笔不能确定用途和用时的"活钱"时，可利用七天通知存款来提高利息收益。

⑤ 财商小课堂

孩子要懂得的储蓄原则

我国的储蓄原则有：居民个人所持有的现金是个人财产，任何单位和个人均不得以各种方式强迫其存入或不让其存入储蓄机构；同样，居民可根据其需要随时取出部分或全部存款，储蓄机构不得以任何理由拒绝提取存款；储蓄机构要支付相应利息；储户的户名、账号等均属于个人隐私，任何单位和个人没有合法的手续均不能查询储户的存款，储蓄机构必须为储户保密。

罗杰斯：储蓄比借钱重要得多

投资大师罗杰斯是当代华尔街的风云人物，与索罗斯、巴菲特齐名。1970年，罗杰斯和索罗斯创建了量子对冲基金，并且连续10年年均收益率超过50%。由于曾经准确预测了美国1987年的大股灾，以及最早预测了美国次贷危机，罗杰斯被西方媒体称为"拥有水晶球的魔法师"。

罗杰斯认为，美国是世界上债务最多的国家，而且债务仍然在逐年攀升，美元作为世界储备货币的末日将至，世界中心正从美国转向亚洲。相对于美元，他非常看好人民币，虽然现在还持有一些美元资产，但只要美元开始反弹，他就准备逢高清仓了；相对地，只要一有机会，他就会多买一点儿人民币。总的来说，罗杰斯已经把他绝大部分的美国资产转移到了亚洲。

罗杰斯对中国非常痴迷。自从20世纪80年代以来，他三度横穿中国。罗杰斯还不惜卖掉陪伴他多年的纽约老宅移居新加坡，让他的孩子去学带京腔的普通话，而且他还非常喜爱购买中国的熊猫金币。他在女儿11个月大的时候就打算为其开立一个中国的股票交易账户，并让她学习中文。

现在，他有两个女儿是美国公民，但她们没有美国的银行账户，都在亚洲开设了银行账户。他也送了一些存钱罐给女儿们，一个存钱罐里放美元，一个存钱罐里放欧元，一个存钱罐里放人民币。罗杰斯这样做的目的是让孩子们很早就了解不同国家、不同货币、不同货币之间汇率会变动的概念。

　　罗杰斯还给孩子们定了一个规矩：必须用自己的钱买东西。有一天，大女儿发现妹妹存钱罐里的钱比自己存的多一些，因此很不高兴，这时罗杰斯就告诉大女儿，你自己已经拿了存钱罐里一部分钱买了芭比娃娃，而妹妹没有。经过这件事情后，罗杰斯的大女儿开始积极存钱了。罗杰斯让他的女儿们明白：储蓄比借款重要得多。

第六章

投资意识，为孩子埋下未来赚钱的小种子

人们都希望自己手中的钱越来越多，但是仅仅把钱装在口袋里是永远也不会增加的。要想使手中的钱变多，就要懂得投资。因此，想要培养出高财商的孩子，父母在让他们懂得储蓄的同时，还要让他们学会投资，双管齐下，才能打造出真正的财富神童。

没有投资意识就没有财富

我们常听到一些人这样说："我早就知道这个项目有钱赚，可是我没钱啊，当时要是有人借给我钱，那我就成功了。"在现实生活中，很多人把不能投资归结于没有钱，认为投资都是有钱人的事情，其实他们这是本末倒置。不是因为有钱才能做得好，而是因为做得好才会有钱，关键在于有没有投资意识，或投资意识的强弱。如果有很强的投资意识，没有钱的人也能实现财富的增值。

财商小案例

一个饥肠辘辘的年轻人在达拉斯市街头捡到一个大苹果。他舍不得吃，用苹果跟一个小男孩换了1支彩笔和10张绘画用的硬纸板。然后他把硬纸板全部做成了接站牌，以1美元一个的价格在车站兜售。两个月后，他用赚到的钱制作了精美的迎宾牌，销路很好。

一年后，年轻人用手中的5000美元买下了一个郊区小旅店，经过努力经营，他很快就有了5万美元。他又用这笔钱，租下了位于达拉斯商业区大街拐角的一块土地，接着用土地作为抵押去银行贷到了30万美元，又找到一位富翁出资20万美元入股。不久，以这个年轻人的名字命名的旅馆建成了，它就是著名的达拉斯"希尔顿酒店"。希尔顿酒店以"你今天对客人微笑了吗"为座右铭，很快将实业和服务理念延伸到全世界，在世界各国拥有数百家旅馆，资产总额发展到7亿多美元，成为名副其实的希尔顿旅馆帝国。这个最初捡到苹果的年轻人就是名噪全球的康拉德·希尔顿。

从仅有的一个苹果到拥有7亿多美元的资产，这笔巨额财富的积累，希尔顿仅用了17年时间。希尔顿回忆起这段往事时，平静地说："上帝从来都不会轻看卑微的人，他给谁的都不会太多。"

从这个故事中可以看出，一个人拥有很强的投资意识对于他未来的财富之路是多么重要！华尔街的一位理财师说过这样的话："不要拼命地为了赚钱去工作，要学会让金钱拼命地为你赚钱。"这句话可谓道出了财富的真谛。投资意识不是天生的，它是通过后天培养起来的。那么，父母该如何培养孩子正确的投资意识呢？

1. 让孩子树立正确的投资理财观念

父母要告诉孩子，投资并非有钱人的专利，普通工薪阶层也可以从一些小钱开始做投资，积少成多，让钱生钱才是金钱的神奇力量。

2. 拓展孩子的投资理财知识

让孩子抽出一定的时间阅读他感兴趣的投资理财书籍，可以让他获得更为丰富的投资知识及经验，这是培养孩子良好投资意识的开端；还可以让孩子收听、收看各种商业电视节目，及时了解最新的投资信息，强化他的投资意识。

3. 告诉孩子投资不是一夜暴富

父母应告诉孩子投资不是一夜暴富。投资理财是为了让人们实现更好的生活目标和生活理想，为了规划资金和更好地使用资金，而不是让人们实现一夜暴富的梦想。正确的投资理财，可以让人们获得更多的收益，可以实现人们的资金合理增值。而错误的投资理财，会使人们失去现有的资金甚至摧毁人们的意志。

⑤ 财商小课堂

现金流游戏

现金流游戏是罗伯特·清崎发明的一套寓教于乐的教育游戏，它将枯燥的财务知识和致富理念变得通俗、生动，低成本、快速和高效。现金流游戏最大限度地模拟人生，让孩子在游戏中体味现实生活中的高风险投资，我们在现实生活中不敢去想的投资机会，在游戏中可以放开去做，通过游戏学习什么是有价值的投资机会。

送孩子一只股票，让孩子真实体验投资

　　股票是股份公司发行的所有权凭证，是股份公司为筹集资金而发行给各个股东作为持股凭证并借以取得股息和红利的一种有价证券。每股股票都代表股东对企业拥有一个基本单位的所有权。每只股票的背后都会有一家上市公司。同时，每家上市公司都会发行股票。

　　父母在培养孩子财商的过程中，不妨送孩子一只股票，让他真实体验股票是怎样操作的，操作股票需要注意哪些方面，这样，从中学到的财富经验将会伴随孩子的一生。

财商小案例

　　故事1：买机器赚钱买股票

　　新罕布什尔州，帕特里克的大儿子瑞安要求在他12岁生日时买一台割草机作为生日礼物，后来他明智地给儿子买了一台。

　　到那年夏末，瑞安已靠替人割草赚了400美元。帕特里克建议瑞安用这些钱做点儿投资，于是瑞安决定购买耐克公司的股票，并因此对股市产生了兴趣，他开始阅读报纸的财经版内容，并且赚了些钱。当瑞安9岁的弟弟看见哥哥在10天内赚了80美元后，也做起了股票买卖。不久后，他俩的投资都已升值到1800美元。

故事2：将爱好转化为投资

西雅图的劳拉说，他12岁的儿子最喜欢麦当劳。儿子七岁那年，劳拉开始送他第一股麦当劳股票，以后逐年增加。

现在儿子的资本已经在这家公司里占了相当比例的份额。每次收到麦当劳公司的年报，儿子都会仔细阅读，每次去麦当劳用餐，儿子都要做认真考查。劳拉认为，股票不像过完节就扔的玩具，从中得到的理财经验对儿子以后会有很大帮助。

故事3：犹太孩子的第一份礼物

当孩子满一岁的时候，很多犹太父母都会把股票当作礼物送给孩子，这是犹太家庭的惯例，也是犹太父母对孩子们独特的理财教育，尤其是北美的犹太人。尽管孩子更喜欢形形色色的玩具，但犹太父母宁愿给孩子更实际的东西——股票。父母送孩子股票，就是为了让孩子从小接触钱、认识钱、了解钱。这种耳濡目染的投资概念最终会影响孩子，并让他们对投资产生兴趣。

从以上故事中可以看出，送孩子一只股票是培养孩子理财意识的一个开端和基础，慢慢地，随着孩子逐渐长大，父母会让孩子熟悉较为复杂的投资工具，并最终学会操作投资工具。事实上，这是一种很好的财商教育模式。而在中国，很多父母却害怕孩子接触股票，其实这样会使孩子失去接受理财教育的机会，不利于他们以后投资财富的潜能发展。

送孩子一只股票，不仅能让孩子获得一种赚钱的途径，还能增长孩子的见识。孩子能从运作股票的过程中明白"钱生钱"的道理，理解投资风险，掌握金融市场的游戏规则。这比让他上多少节关于投资的理论课都来得重要。

当然，让孩子运作股票是一种风险较高的行为，因为即使是成年人，参与风险投资都应保证谨慎的心态，那么让孩子涉足股市就更需要引导，以免分散孩子的精力。

为了使孩子在运作股票过程中能够减少风险，提高收益，父母要让孩子知道以下几条投资股票的基本原则。

1. 价值投资原则

评估投资价值，不是看某个行业是否有利可图，而是看具体公司的竞争优势，及看其能保持这个优势多久，是否能给投资者带来足够的回报。

2. 分散投资原则

分散投资原则就是将所有的投资资金适时地按不同比例，投资于若干种具有不同风险程度的股票和其他证券，建立合理的资产投资组合，使投资风险降到最小限度。即遵循"不能将所有的鸡蛋放到一个篮子中"的原则。

3. 理性投资原则

投资者在进行股票投资时应坚持理性的态度，在对股票投资具有充分的客观认识的基础上，认真地比较分析以后进行投资活动。

$ 财商小课堂

认清股市的进出情况

1929年，美国股市大崩盘，当时无数投机客一夜破产，因此也被称作"屠杀百万富翁的日子"，其中也包括巴菲特的老师格雷厄姆。但有一位叫巴鲁克的人在崩盘前将全部股票抛售了出去。据说促使他这么做的原因是，一天他去路边找人擦鞋，那位擦鞋小孩对着他吹嘘自己投资股票买卖赚了不少钱，还愿意向巴鲁克无偿分享自己投资的经验。等巴鲁克回到办公室后，他意识到已经很难再有新股民和新的进场资金进入股市了，虽说指数不一定就此下跌，可也已经不会再涨了，于是他很快就把股票抛了出去，躲过了一劫。

保险：投资风险，远离后顾之忧

保险是指参加保险的人或者其他的单位，向保险机构按期缴纳一定数额的费用，保险机构对其在保险责任范围内所受的损失负赔偿责任。换言之，保险属于一种投资项目。

财商小案例

王鑫鑫是一家保险公司的员工，平时总向朋友发一些保险产品信息，他的朋友就经常收到他发送的保险产品信息或者保险理财理念的电子邮件。

一次，在一旁的王鑫鑫听到了朋友谈论起投资的话题，立马接过话来，说："投资嘛，是很简单的事情，我这里就有好方案，既可以保证多赚一点儿，又不会有那么大的风险！"

"你所说的好方案就是你口中无所不能的保险吧，是不是？"李燕调侃道。

王鑫鑫急忙解释说："虽然我是做保险行业的，可从来没说保险是无所不能的啊！不过保险倒是时刻存在于我们周围，孩子在学校有平安险，我们有工作的大人基本上都会有社会保险，有的还自己买商业保险。保险是一种古老的风险投资方法，也是现在人们接触比较多的投资方式之一，不仅存在，而且日益发达，还是有它的道理的。"

这时，李燕的儿子在一旁听大人讲到了保险，非常好奇地问："叔叔，保险不就是把自己的钱给别人么？后来也没看见别人给我们钱，我们买保险会不会吃亏呢？"

虽然孩子们经常听到"保险"这个词，但他们对保险的理解太片面。

这时，王鑫鑫立刻用专业的话说："人生当中不管是生活还是投资，机遇和风险总会陪伴在我们身边，大多时候，我们只看到了眼前的机遇和收益，却忽视了它身后的风险。保险就是为了让我们尽量避免风险对我们的影响。"

在生活中，大多数孩子都会像故事中那个孩子一样，对保险、投资理财等方面的知识不甚了解，更没有投资意识，时间长了，孩子的财商就得不到培养，不会理财，更不懂得为自己做长远的投资规划并规避风险。

因此，在培养孩子财商的过程中，父母要告诉孩子保险是"集千家万户之财，救一家一户之灾"，是一种互助共济的有效方式。同时要给孩子灌输这样的理财观念：现在我们买保险，实际上是为了个人财产安全和在退休后的生活保障。

目前市场上有很多儿童保险品种，父母应给孩子介绍并选择一款适合他的保险产品，从小帮他树立风险管理意识，会让孩子终身受益。下面就为父母们介绍几种主要的儿童保险品种，以供参考。

1. 健康医疗险：保障型儿童险

在家庭生活中，与儿童健康有关的花费主要有两种：一种是儿童重大疾病，一种是儿童住院医疗。目前，重大疾病有年轻化、低龄化的趋向，而按照我国目前的基本医疗保险制度现状，儿童在这一年龄段基本上处于无医疗保障状态。因此，利用保险分担孩子的医疗费支出就成为父母投保儿童保险的重要因素。

同时，建议父母购买附加住院医疗险和住院津贴险。这样，万一孩子生病住院，大部分医疗费用就可以报销，并可获得50元～100元/天的住院补贴。

2. 教育储蓄险：储蓄型儿童险

教育储蓄险主要就是解决孩子未来上学或者出国留学的学费问题。以购买保险的形式来为孩子筹措教育费用，购买保险后需要按时向保险公司缴费，作为一种强制性储蓄，可保障孩子日后的费用。而父母一旦发生意外，如果之前购买了可豁免保费的保险产品，孩子不仅可免交保费，还可获得一份生活费。所以，此类保险是以储蓄和保障为主。

3. 投资理财保险：投资型儿童险

投资理财保险是一种融合保障、储蓄与投资于一体的新险种。

儿童财商课

投资类保险尤其是万能产品，可以同时解决孩子的教育、创业、养老等大宗费用的问题。目前各个保险公司的具体保险方案不尽相同，但通常是孩子在成年前，父母为投保人，为孩子筹措以后的教育留学费用、创业启动资金；孩子在成年后，自己将成为投保人，筹措补充养老、医疗、旅游基金等。

$ 财商小课堂

保险的起源

公元前20世纪，古巴比伦时代，国王曾命令僧侣、法官及市长等，对其所辖境内居民征收赋金，以备救济火灾及其他天灾损失之用。公元前10世纪，以色列王所罗门对其国民从事海外贸易者，课征税金，作为补偿遭遇海难者所受损失之用。这类为个体和群体利益所采取的救灾和补偿损失方法，已开始孕育了保险的胚胎。

教孩子投资不能唯利是图

在培养孩子财商的时候，很多父母都希望孩子能对投资的知识有所了解，但千万别让孩子掉进唯利是图的投资陷阱中，否则会害了孩子。下面故事中的父母就误导了自己的孩子。

财商小案例

8岁的牛牛懂得很多有关投资的知识，保险、股票、基金等，他都略知一二。其实这也并不奇怪，因为牛牛的爸爸妈妈都是做生意的，平时也会炒股、买些基金和保险，空余时间也会给牛牛讲一些有关投资的大道理，如"聪明的人能够巧妙地抓住每个机会，让钱生钱"等。

牛牛在父母这种潜移默化的影响下，逐渐地开始喜欢有事没事地去琢磨怎么"抓住机会赚自己的零花钱"。几天后，牛牛终于想到了一个赚钱的好办法：帮同学写作业赚零花钱，写一次语文作业2元钱，写一次英语作业5元钱，写一次数学作业3元钱。班里的一些懒同学不想写作业的时候就会找到牛牛。

儿童财商课

一次，妈妈走进牛牛的卧室，看到书桌上满满地堆了很多书本，心疼地说道："你们学校的作业这么多呀，这要写到什么时候呢。"

"也没多少，很快就写完了。"牛牛猛地把桌子上的书本推到一边，说："妈妈，你不要打扰我，你先出去吧。"

"嗯，妈妈看看你写的什么作业。"说着妈妈就拿起了作业本。

天天赶紧去抢，但还是没抢过来。他意识到：要完蛋了，赚钱秘密要暴露了。

最后，妈妈知道了这个秘密，严厉地批评了他这种行为。可牛牛还辩解说："不是你们说让我抓住机会赚零花钱吗？我这样做既帮助了同学，又没有犯法，有什么错？"

看上去牛牛似乎是在抓住机会赚钱，但其实他已经误解了投资的含义，已经扭曲了自己的价值观和是非观。牛牛这种帮别人写作业的赚钱方式，不是投资，而是投机取巧。他帮同学写作业非但帮不了他们，对他们今后的学习与心态也会产生不良的影响。同时，牛牛也掉进了钱眼里，使自己变得唯利是图，对金钱没有抵抗力，将来走向社会，遇到更大的诱惑，也很容易因为利益的驱使而去尝试，这样一来很有可能毁掉自己的前途。

在培养孩子财商的过程中，父母一定要让孩子对投资有一个正确的认知，在选择投资项目时，要符合道德的范畴和法律的规定，不义之财不可取。最重要的是让孩子区分投资与投机。比如，对于买房，一次性投入资金，以后逐年得到回报，若干年后除收回本金之外还有利润，如买房出租，可以从租金中收回投入的成本，或买房建厂等这些都是每年都能有收益的项目。这些都属于投资。买房后什么也不干，等房子涨价后卖掉，这属于投机。投资与投机的关键区别是动机的好坏，是对社会和他人有无好处。

💲 财商小课堂

收藏，是兴趣，也可以是投资

除了股票、保险、基金这些投资工具，收藏也是不可或缺的一个重要的投资工具。收藏的品种除了传统的古玩、钱币、书籍、邮票、报纸、书画等外，已经发展到包括粮票、商标、门券等数百个品种。不过，收藏理财需要有一定的经济实力。对于孩子来说，在他没有经济实力的情况下，可以让他做一些力所能及的收藏，如收藏彩票、电话卡等，培养他的收藏习惯。

▶ 大富翁的理财经验

李嘉诚：财富不靠运气，靠辛勤付出

李嘉诚在1981年被香港电台评为"风云人物"的时候，很谦虚地说那是"时势造英雄"。事隔17年，再次被香港电台采访的时候，他坦白地说："最初创业的时候，几乎百分之百不靠运气，而是靠勤奋，靠辛苦，靠努力工作赚钱。投入工作非常重要，你对你的事业有兴趣，工作就一定做得好！对工作投入，才会有好成绩，人生才更有意义。"

1981年，他被选为和记黄埔有限公司董事局主席，成为香港第一位入驻英资洋行的华人老板。

香港《时代周刊》称李嘉诚是"天之骄子"，认为李嘉诚取得的成就是得之于幸运之神的眷顾。

1986年，李嘉诚就有关"成功与幸运"这个话题发表了这样的看法："对于成功，一般中国人多会自谦那是幸运，绝少有人说那是由勤劳及有计划地工作得来。我觉得成功有三个阶段：第一个阶段完全靠勤劳工作、不断奋斗而得成果；第二个阶段，虽然有少许幸运存在，但也不会很多；第三个阶段，当然也靠运气，但如果没有个人条件，运气来了也会跑掉的。"

李嘉诚表示："付出汗水，付出努力，便是走向人生正途的第一步。如果自己的经历能够给年轻人一点儿启示，那么'高调'一点儿亮相电视也是值得。"他还说："假如有年轻人或失意的人看到我的经历，或许会得到一点儿鼓励。一个人假若能认真、坚决地去做事，很多有时看来不可能做到的事，其实也是有可能做到的。"李嘉诚从一个食不果腹的少年，经过自己的艰苦拼搏，终于建立了自己的商业帝国。他还从自身的成长过程中，总结出这样的经验：只要坚持走正途，总可以取得不同程度的成就。

早些年李嘉诚做过销售员，一次，他的几个同事去一家旅馆推销铁桶，却总是碰壁。由于大家不想放弃这笔生意，于是都建议业绩不凡的李嘉诚前去"搞定"这位老板。

李嘉诚答应后，并没有急着去见旅馆老板，而是想办法与旅馆的店员套近乎，打听旅馆老板的一些情况。终于，他从一个店员的口中了解到了一个非常重要的信息：这位老板有一个儿子，儿子就是他的一切，他对儿子非常宠爱。但由于酒店马上就要开张，很多的事情使他根本顾及不到儿子想去看赛马的要求。

李嘉诚听后非常兴奋，他认为这可能会是这笔生意的突破口。于是他让店员牵线，自己出钱带老板的儿子去看赛马。在赛马场上，老板的儿子很高兴，回到家里兴奋地告诉了父亲白天去看赛马的事。

李嘉诚的这一举动让老板非常感动，通过李嘉诚的诚恳劝说，他终于同意了这笔生意。

李嘉诚说："苦难的生活，是我人生的最好锻炼，尤其是做推销员，使我学会了不少东西，明白了不少事理。这些经历是我今天用10亿、100亿也买不来的。"一个人要想成功没有捷径可走，一分耕耘一分收获，只有奋斗才会有收获。

第七章

消费智慧，让孩子懂得财富要
细水长流

罗伯特·清崎在他的书中讲道："孩子应该为他的钱制订两个计划：一个是赚钱的计划，一个是在赚到钱后如何花钱的计划。"因此，孩子懂得如何合理消费和如何计划赚钱是同样重要的。本章将重点讲述孩子日常生活中的一些常见的消费方法，让孩子养成良好的消费习惯，完成理财的进阶课程。

儿童财商课

合理引导消费，让孩子花钱有度

随着人们的生活条件越来越好，家长对孩子娇生惯养也成了社会上普遍存在的现象，其他的先不说，单说孩子的消费这方面，就存在着很严重的问题：花钱无度，并且大多数孩子都存在这样的倾向。

财商小案例

周末，妈妈带着平平到小区广场玩，那里有好多妈妈聚到一起聊天，平平的妈妈也喜欢扎堆，于是走了过去，让平平和孩子们一起玩。

听着她们的聊天内容，总跑不出"孩子"这个话题。其中一位妈妈无奈地说道："现在的孩子真拿他没办法，上个月我儿子过生日，非要买一个遥控机器人，我们拗不过孩子的要求，只好花了600元满足他的愿望。这还不算完，这两天又嚷嚷着买变形金刚呢。"

另一位妈妈也感同身受，说："我们的孩子也一样，孩子一个月的支出是我们家最大的。有一次，我儿子在得知他的好朋友想提高英语听力水平后，就一门心思地想要送他一个iPad做圣诞礼物。我想一个小学生不必送这么贵重的礼物，并且这个礼物都抵得上我三分之一的工资了，就没答应他。结果他不干了，跟我和他爸爸闹了好几天，最终我们还是答应了他的要求。"

平平的妈妈说："在孩子身上的支出，确实让我们这些父母有些不能承受。但是，在我看来，为孩子消费应该是有选择的、适度的。比如，一些合理的要求还是可以满足他的，不合理的要求一定不能答应。不加选择地满足孩子所有的消费需求，很容易使孩子养成不良的消费习惯，将来对他是没有益处的。"

其他孩子的妈妈听到这里，纷纷点头表示赞同……

故事中平平的妈妈的话是有道理的。由于孩子年龄较小，他们面对琳琅满目的商品时，无法控制自己购买的欲望，于是看到自己想要的就要求父母买给他。父母如果不合理引导，孩子要什么就买什么，就容易使他养成铺张浪费、缺乏节制的不良消费习惯，这不符合我们对孩子进行财商教育的初衷。

那么，父母应该如何合理引导孩子消费呢？大家不妨从以下几个方面做起：

1. 父母要以身作则，合理消费

我们说父母是孩子的财商启蒙老师，要想合理引导孩子消费，父母首先要以身作则，自己有正确的消费观念和消费习惯，进而来引导孩子。如果父母日常消费讲名牌、讲时尚、讲排场、讲面子，孩子很容易受影响，出现过度消费和盲目攀比的心理。

2. 教孩子学会计划消费

在这里，给大家介绍一种让孩子计划消费的5W法：what（想要买什么），why（为什么要买，要买的东西必要吗，实用吗），who（谁去买），when（什么时候买，是否急需要买），where（去什么地方买）。当孩子想要买东西时，让他先回答这五个问题，就有可能做到不必买的不买，量入为出，养成勤俭节约的好习惯，避免孩子将来独立生活后成为"月光族"或者"卡奴"。

3. 把支配权交给孩子

俗话说："不当家不知柴米贵，不养儿不知父母恩。"孩子没有当家理财的经历是很难理解金钱的来之不易的。父母可以把钱交给孩子（有一定数字计算能力的孩子），让他尝试独立开支，并要求孩子详细记录消费明细。在一段时间之后，父母应检查孩子的各项开支是否合理。如果支出合理，父母应及时给予肯定和表扬；如果支出不合理，父母应耐心地指导并给出建议，让孩子学会节制、合理消费。

💲财商小课堂

虚荣心会使孩子失去财富

人们的虚荣心与生俱来、如影随形，成人尚且如此，何况孩子。在消费的过程中，有的孩子会因为虚荣心走入攀比误区。虚荣心过强的孩子，喜欢通过物质来展现自己的实力。孩子在拥有这些物质的时候，会萌生错误的消费观和人生观。他们错把物质的拥有与对幸福的获得挂钩，错误地认为高档、昂贵的商品才是最佳的消费选择。这种心态会严重侵蚀孩子的金钱观，让孩子充满对物欲的过分追求。

控制购买欲望，克服冲动消费

在媒体信息中，我们经常会看到"某孩子玩游戏，花掉父母5万""小孩子去商场购物消费3万"等让人吃惊的新闻；在生活中，我们带着孩子去商场购物时，常常会发现孩子看见好玩的、喜欢的东西就想买，不久又觉得自己并不是十分喜欢这件东西，或发现这件东西不值。其实，孩子的这些行为都是冲动消费在作祟。一位妈妈曾这样描述儿子的一次冲动购物经历。

财商小案例

欣欣是个冲动的孩子。有一次，欣欣由于脸上冒出了几颗很惹眼的"青春痘"，便天天嚷嚷："妈妈，你看我的脸上这么多痘痘，好难看呀，赶紧给我买一支去痘的产品吧。"

但妈妈担心欣欣用了后会皮肤过敏，而且长几颗痘痘本来就是正常现象，哪里用得着那种价格不菲的化妆品，所以妈妈拒绝了她的要求。妈妈这样对欣欣说："欣欣，妈妈认为你脸上的这几颗痘痘很快就会自己下去的，所以不需要买什么祛痘产品。"

但欣欣听后不高兴了。第二天，这个淘气的欣欣居然用自己一个月的零花钱把它买了回来，但用了一段时间不见效果，就又大呼上当。

孩子的个性特征之一就是易冲动，因此"冲动购物"也是孩子常犯的一个消费错误。冲动购物的孩子看见自己想要的东西立即就会做出购买决定，而过后不久又会觉得自己并不是十分喜欢或发现不值，感觉自己吃了亏，并后悔自己的冲动。很多孩子甚至还会因此而情绪沮丧，后悔和自责。值得注意的是，当孩子购物后悔时，父母一定要及时安慰孩子，不让孩子因此而产生后悔和自责的情绪。

当然，对于孩子的冲动消费，父母要认识到这是一种不合理的消费行为。不过，因为孩子还小，这个时候的消费习惯还处于没有定型的阶段，也就更利于父母帮助孩子培养良好的消费习惯。良好的消费习惯，能够让孩子积累更多的财富。

要让孩子学会理性消费，这件事不管是对孩子的未来还是对家庭来讲，都是一件刻不容缓的事情。那么，父母要怎样克服孩子的冲动消费，培养他良好的消费习惯呢？具体来说，可从以下几个方面着手。

1. 帮孩子分清楚"需要"和"想要"

在孩子的意识里，世界上所有的东西都是"我想要"的，"我想要"几乎成了孩子对父母发出的一道命令。所以，父母应尽早帮

儿童财商课

孩子分清楚"需要"和"想要"的不同，不是所有想要的都是需要的。孩子出于"需要"而购买的东西是理性消费的产物，出于"想要"而购买的东西则是冲动消费的产物。父母要帮孩子控制住想要就买的想法，因为很多时候要等买回来之后，孩子才发现都是自己不需要的东西。比如，父母可以利用前面讲到的"5W法"，让孩子自己分析出这个商品到底是"需要"还是"想要"，从而让他自己放弃购买的想法。

2. 教孩子货比三家的消费道理

一位妈妈带着儿子逛了三家商店，目的是买一辆物美价廉的滑板车，最后妈妈将省下来的30元钱买了一对孩子向往已久的羽毛球拍。这位妈妈的聪明之处在于，她用行动给孩子做了很好的示范，让孩子知道什么是理智消费。这样，孩子在自己独立支配零花钱的时候，不但会精打细算，而且会有很强的计划性。

3. 给孩子制订合理的消费预算

父母可以在孩子不同的成长阶段定期给孩子制订合理的消费预算，根据预算引导孩子开展某个时期的消费计划。当孩子能够独立把消费计划做得很好并且消费合理时，父母应给予孩子言语上的鼓励，支持孩子继续做得更好，并把合理消费的意义解释给孩子听。

$ 财商小课堂

培养孩子的自控力很重要

美国相关研究人员对自控力做了专项的科学研究，研究对象覆盖1000名儿童，从出生一直追踪到32岁，研究结果表明：在儿童时期显示出良好自控力的孩子，成人后极少出现成瘾或犯罪行为，比那些冲动型、宣泄型的孩子更健康、更富有。欧美的一项研究表明：小时候自控力很强的孩子，到初高中阶段，学习成绩比同等智商的孩子要高20%。同时他们还提出，自控力比智商更重要。

购物前教孩子制作预算清单

　　有些孩子一拿到零花钱就立刻把钱花光，或者和爸爸妈妈去商场时喊着要这要那，如果父母因为孩子纠缠而满足孩子的要求，就很容易造成不必要的开销，这对于孩子以后的理财是很不利的，因为小的时候消费的可能是玩具、食品，长大后消费的就可能是衣服、电脑、手机，甚至是房子、汽车等。那么，遇到这样的孩子，父母应该怎样教育呢？我们先来看下面的例子。

财商小案例

　　乐乐是个聪明可爱的孩子，大家都很喜欢她。可她有一个毛病——买东西前总是没有规划和预算，不需要的东西买一堆，等到买需要的东西时钱却不够了。

　　周末，乐乐想要买一些零食，就从妈妈那里拿了一些零花钱，打算自己去超市买。妈妈叮嘱她买一袋盐和一瓶酱油回来，并把牌子告诉了她。到了超市，乐乐看到琳琅满目的商品，眼睛就闪闪发光，一会儿看看小猪佩奇的玩具，一会儿又摸摸白雪公主的衣服，不一会儿就把小猪佩奇放在了购物车里。这时，她肚子咕噜咕噜，于是赶紧小步跑到零食区选自己喜欢的零食，一包、两包……她一共选了8包自己最喜欢吃的零食。

等结算的时候，她把手里的钱都花完了，但她想到自己买了好多东西，蹦蹦跳跳地跑回了家。

当回到家看到正在做饭的妈妈时，乐乐突然想起盐和酱油都没买回来，她耷拉着脑袋走到妈妈面前，说："妈妈，我忘记买盐和酱油了。"

妈妈看到她手里一大堆吃的、玩具，说："剩下的钱呢？"

"都花完了……就是买盐也没有多余的钱了。"

妈妈听了非常生气，但还是控制住了自己的怒火，平静地说："乐乐，为什么每次买东西都会出现这样的状况？这样吧，以后你买东西前制作一个预算清单，把要买的东西写在清单上，购物时对着单子挑选你需要的商品……记住了吗？"

乐乐点点头，说："嗯，记住了，我会按照妈妈的话去做。"从那以后，乐乐就按照妈妈的建议进行购物，再也没有发生过超额、丢三落四的状况，花起钱来也更有计划了。

很多孩子都会像上面的乐乐一样，买东西总没有规划和预算，想买什么就买什么，最后需要买的东西都没有买到。乐乐的妈妈让孩子制作一张预算清单的教育方法是正确的，以此改正乐乐在消费中出现的坏毛病，让乐乐在以后的消费过程中有了条理和规划。

　　的确，让孩子购物前制作预算清单是教孩子学会理财的重要一步，它能帮孩子养成合理消费的好习惯。那么，父母具体要怎样教孩子制作预算清单呢？

　　具体方法是：开始购物前，父母可与孩子讨论这次需要购买哪些物品，并根据平时的经验估算每件物品的价格，然后将购物清单和预算（每件物品的价格和总花费）都写在纸上，将钱给孩子，让他自己去购物。

　　拿着预算清单去购物，会让孩子明白：由于预算有限，只能购买清单上的东西，如果想买其他东西，只能等到下次。这样还能够避免孩子被其他新鲜的商品吸引，让孩子拿着这份清单自己去找，可以分散他对新鲜商品的注意力，减少不必要的开支。

$ 财商小课堂

孩子擅自购物，父母有权退货

　　《民法通则》规定，10周岁以下是无民事行为能力人，不能独立进行民事行为，其大多数民事活动都要征得同意或者得到事后追认。如未成年人购买手机、高档化妆品、高档衣物等，需要父母带着去买或者要得到父母事后的追认。如果父母拒绝追认，那未成年人的消费行为就可以撤销。有一点需要注意《合同法》规定，撤销某个合同关系，权利人要在1年之内行使。

言传身教，淡化电视广告的影响

现在打开电视，各种各样色彩斑斓的儿童电视广告就会跃然眼前，它们通常以儿童为目标受众，或以儿童形象演示，以直接或间接的方式向儿童介绍各种各样的企业或产品。面对这样一个如此巨大、充满了诱惑的信息冲击，儿童不可能不对电视广告产生一定的认知、情感和行动意向，并受到儿童电视广告的多方面影响。

然而，不少父母却忽视了电视广告对孩子的影响，没有及时采取措施，结果孩子看了电视广告之后，常常缠着父母买这买那，非要喊着买电视广告中的产品不可，搞得父母疲于应付。

财商小案例

一次周末，东东的妈妈带着他去大学同学周丽家玩，刚一进门东东就听见电视的声音，兴奋的东东坐在沙发上和周丽的孩子壮壮一起看起了电视。

周丽热情地招呼着东东的妈妈，说："先来坐吧，看我们家乱的，都是孩子的玩具。说起孩子冲动买的这些玩具还有衣服、吃的呀，要我说都是电视广告惹的祸。上次壮壮看到×××电话手表的广告后，非要让我带着他去商场买，无奈，最终给他买了一个，还办了一张电话卡。"

东东的妈妈说："这个广告对孩子的消费心理确实有很大影响。在我们小的时候，哪有电视看，也不知道买什么东西，压根就冲动不起来。可是，现在对孩子的教育还真是有些力不从心，有的时候你说好多话还不如电视广告中的一句话作用大呢。"

"妈妈，我要吃薯条！"突然壮壮大声喊道。

周丽抬头看了一眼电视，正是某品牌的广告，心想：不能每次都让他"得逞"。于是，她耐心地对壮壮说："薯条是垃圾食品，也没有营养，一会儿妈妈给你们做好吃的，行不行？"

任性的壮壮就是不听妈妈的话，哭着闹着现在就要。东东的妈妈赶紧从包里拿来一包好吃的，说："壮壮，阿姨这个好吃的给你，妈妈不让你吃薯条，是因为吃完了肚子里会长小虫子的。"

壮壮听说肚子里会有小虫子，这才安静下来。乖巧的东东也劝壮壮说："广告里的产品不能都信，薯条一点儿营养都没有，还不如妈妈做的饭有营养呢。"

两个大人听了孩子的话，都笑了。

有调查显示，5～7岁的儿童对广告非常关注，当广告出现时，他们很少吃零食、转头、说话或上厕所等，并且这个年龄段的儿童有35%认为广告总是说真话。

尽管儿童对广告的注意程度、信任程度随着年龄的增长会有很大程度的降低，对广告的理解程度会随着年龄的增长而逐步增加，但广告对儿童消费心理的影响仍是巨大的。这种影响主要表现在以下几个方面。

（1）广告极大地刺激了儿童的购买欲望，由此助长了儿童炫耀、攀比的心理。早期美国的研究就发现，儿童在超市购物时，他们只选择在电视上出现过的广告品牌，尤其是在购买零食和饮料时。

（2）广告加剧了儿童的购买欲求。研究发现，如果父母拒绝孩子的购物请求，有65%的概率会引起孩子与父母争论或冲突。

（3）广告增强儿童对日后用到的广告产品的好感。

为了有效防止无孔不入的电视广告对儿童消费心理和消费行为造成负面的影响，父母除了做好自己外，还需要采取一些积极的预防和应对措施。具体来说，可从以下几点入手。

1. 控制孩子收看电视的时间

父母要减少孩子看电视的时间，不能让孩子养成迷恋电视的习惯。因为看电视的时间越长，孩子受电视广告的影响就越大。尤其是年龄小的孩子，很难抵得住广告的诱惑，要随着年龄的增长才能逐渐有所好转。

2. 帮孩子辨别广告的真假

父母在和孩子一起看电视时，要帮他理性分析广告信息，区分广告的真伪，辨别广告的真假。孩子对广告的理解是一种随着年龄增长而渐进理解的过程，尽管孩子的理解能力和思维能力有限，但如果父母经常这样做并表达自己的观点，孩子就会慢慢增强辨别能力。

3. 在孩子面前拆穿电视广告

父母可以在孩子面前展示几个比较容易显示效果的广告产品，让孩子对广告产品的功效有一个直观的认识。通过这种直观的方式，让孩子认识广告的虚假性，从而降低广告对孩子的负面影响。

⑤ 财商小课堂

儿童消费心理特点

儿童消费心理的特点主要有：（1）儿童对商品的喜欢与否更多地取决于商品的心理满足效应；（2）儿童消费者自我控制能力差，购买行为容易受外界影响；（3）儿童的购买行为主要受感情动机的影响，表现出冲动性和不稳定性。电视广告是儿童获得商品信息的主要来源，影响儿童对商品的认知，并影响儿童的消费行为。

教孩子"花小钱办大事"的消费技巧

在培养孩子理财能力的过程中，父母应教给孩子一些最基本的消费技巧，比如，如何利用优惠券，在买东西的时候如何货比三家等。让孩子学会这些技巧，能够使他在办同一件事情时，做到"花小钱办大事"。这样，孩子不仅可以节省开支，还可以学会如何购物。父母要教给孩子基本的消费技巧，具体如下。

1. 货比三家

父母带孩子去超市购物时，应提醒孩子留心所购商品的价格，并告诉孩子看到喜欢的东西不要急着购买，对于花钱比较多的商品尤其要多转转、多看看，然后再决定是不是要买、买哪家的。

除了让孩子留心价格外，还要让孩子留心商品的品质。选择商品的标准要以质量和实用价值为主，既不刻意追求名牌，也不刻意追求廉价。最重要的一点是，父母要告诉孩子：购买食品时，一定要留意保质期。为了避免浪费，一些容易变质的生鲜物品，宁可少买也不宜多买。

2. 学会砍价

父母可以从以下几个方面来教孩子学会砍价。

首先，要告诉孩子，砍价最好带着自己的朋友一起，这样不仅可以让自己有个"帮手"，还能让自己有个寻求意见的对象。

其次，要告诉孩子看到中意的商品时不要暴露自己的真实需要，否则商家就会抓住这个弱点，提高价格，这样就不容易砍价了。必要时还可以找找商品的缺点，让商家卖得便宜一些。

再次，告诉孩子砍价时要先把商品价格砍到最低（比如，先砍到一半），再慢慢加价钱。

最后，还可以和卖家套套近乎，说会介绍同学来等等。这些都会让商家愿意把商品的价格降低一些。

3. 使用优惠券

父母要让孩子明白节约的方式是多种多样的，如果可以使用优惠券来获得实惠，将是非常明智的选择。优惠券一般有两种：一种是打折券，一种是代金券。不管是哪一种优惠券，对于消费者来说，都能够享受到实实在在的优惠。

在日常消费中，父母应有意识地购买打折商品或者使用优惠券，这是一种积极的理性消费观念。同时，也要把这种经验传授给孩子，让孩子在消费的时候也学会使用优惠券。

（1）让孩子通过各种途径收集优惠券。

收集优惠券的途径有很多，报纸、杂志是最重要的渠道，有些超市经常会发一些优惠信息单，许多优惠券就附在里面。

　　另外，电子优惠券也是优惠券的一种。只要让孩子登录相应的网站去下载电子优惠券然后打印出来，就可以使用。如到麦当劳的网站上下载优惠券，打印出来后即可到麦当劳的各个分店使用。

　　（2）让孩子整理分类所收集的优惠券。

　　如果孩子收集到了许多优惠券，应把优惠券进行分类整理，比如，服装类的、食品类的、电子类的分别用夹子夹在一起，方便取用。

　　有的时候，虽然这些优惠券优惠的幅度并不是很大，但这样做能够使孩子学会精打细算。

💲 财商小课堂

购物时要索要发票或收据

　　《我国消费者权益保护法》规定：经营者提供商品或服务，应当按照国家有关规定或者商业惯例，向消费者提供购物凭证或者服务单据；消费者索要购物凭证或者服务单据的，经营者必须出具。当孩子独立购物时，父母应告诉孩子索要发票。因为索要发票不仅是保障消费者权益的关键，也是防止经营者偷税漏税的关键。

勿入歧途，让孩子警惕消费陷阱

生活离不开消费，我们每天都被各种各样的消费行为所包围，尤其在节假日，这种现象更为明显，多数商家会推出一些促销活动来吸引消费者消费。这些活动中有些暗藏了隐形的消费陷阱，如果不能识别这些消费陷阱，就会上当受骗，浪费自己的钱财和精力。接下来我们先看一个小故事。

财商小案例

在很高的悬崖上，有两只小羊在玩耍。有只饥肠辘辘的狼，突然眼睛往上瞧。

狼环视附近，这么高的悬崖，不管从什么地方都爬不上去。

因此，狼用温柔而低沉的声音说："可爱的孩子们呀！在那种地方玩很危险，快下来呀！下面长了许多柔嫩好吃的草喔！"

但是，小羊因为常听到关于狼的可怕事情，所以说："狼伯伯，谢谢你的好意，但是我们下不去。如果我们下去了，在还没有吃到嫩草之前，可能就被伯伯给吃了！"

"什么！可恶的孩子！"狼非常生气地说。

两只小羊见到狼露出了真面目，其中一只小羊说："幸亏妈妈早早告诉我们，狼总是想着试图吃掉我们，要我们多加小心。"

故事中的狼就如一些不良商家，小羊就如孩子，如果在消费前父母提前告诉孩子一些商家经常会设置的消费陷阱，那么孩子在消费过程中，就不容易上当受骗，就像故事中的小羊一样，否则就会让自己在消费中吃亏。

让孩子提前知道消费中的一些陷阱是很有必要的，因为等消费者上当受骗后，要想通过法律途径保护自己，就难免会费时又费力。那么，具体来说，父母应主要让孩子知道哪些消费陷阱呢？

1. 返券陷阱

我们都见过，商场经常会大张旗鼓地宣传"买100元返50元，买200元返80元……"类似这样的促销活动。但是返还给消费者的并不是现金，而是打折券或者代金券。这种券通常又必须在特定的条件下才能使用，比如，购物满多少金额或截止到某个时间才能使用，这种打折非但没有折扣，反而引导你进行更多的消费。父母要告诉孩子，购物之前应问清楚返券的使用规则，为了返券而买了不需要的东西就是在浪费金钱。

2. 预付费陷阱

如今，社会上多种行业推出"预付费式"消费方式，以办理"贵宾卡""会员卡"等方式，推出了各种健身卡、洗衣卡等预付费式消费卡。然而，许多消费者在被"贵宾卡""会员卡"绑定之后，看似得到了相应的优惠服务，但被侵权的事情时有发生，甚至出现不少黑心商家借此"圈钱"的事件。父母要告诉孩子：如果将钱预先支付给商家，在因为相应的产品或服务出现消费纠纷后，买家就会完全处于被动。

3. 打折陷阱

商场促销最常用的手段就是打折优惠。节日期间或季节更替的时候，各大商家纷纷进行打折促销，尤其是换季时期，商家更是打出"清仓狂甩、最低1折"这样的噱头，以致许多冲动型消费者贪图便宜一口气买下很多用不着的商品。父母要告诉孩子，商家对商品进行打折之前，就预先提高了商品价格，再以"打折""降价""抽奖"等为诱饵，将买家引入"消费陷阱"。

4. "赠送礼品"陷阱

在商场，礼品赠送是最隐形的消费陷阱。通常，商家都会这样宣传："某商品售价××元，再送价格为××元的礼品，实际价格相当于××元"。父母要告诉孩子，这些商品往往是价格高质量低，而且很多商品并不是我们所需要的。另外，所赠的礼品有很多是一些压底货，本身的价值往往被夸大。

5. 广告陷阱

广告陷阱就是利用不真实、不准确的广告描述误导消费者，如对赠品的数量、规格、型号不予说明，以很小的字体或在不引人注意的位置上注明赠送的附加条件等。比如，一些商场在宣传中把"四折起"中的"起"字写得很小，消费者往往看成了"四折"，等消费者赶到商场抢购时，结果却发现商品都是七折、八折，回头再去看那个广告牌，才发现原来还有个小小的"起"字。

总之，父母应教育孩子，在消费过程中要睁大自己的眼睛，讲究理性消费和文明消费，以防范形形色色的"消费陷阱"。同时，也要告诉孩子，当自己的消费权益受到损害时，一定要敢于依法理直气壮地维护自己的合法权益。

💲财商小课堂

最终解释权

一些商家经常会在广告中加上这样一句话：本活动最终解释权归本公司所有。当消费者发现商品或所接受服务中出了问题去找商家时，商家就会理直气壮地拿"最终解释权"作为挡箭牌，"名正言顺"地逃避责任，导致许多消费者吃了亏。但实际上，商家是不享有对其促销活动的最终解释权的。如果商家的"最终解释"侵害了消费者的合法权益，消费者可到当地法院起诉。

► 大富翁的理财经验

沃尔特·迪士尼：成功从一只老鼠开始

"米老鼠之父"沃尔特·迪士尼被人们称为卡通片大王。他是有声动画片和彩色动画片的创制者，曾荣获奥斯卡金像奖。后来，他又根据这些可爱的银幕形象设计和创建了被称为"世界第九大奇迹"的迪士尼乐园。

1901年12月5日，沃尔特·迪士尼出生于美国芝加哥。他在全家五个孩子中排行第四。1906年，父母离开大城市，在马瑟琳小镇买了一个农庄，他们全家从此便迁居到那里。

沃尔特自幼喜欢画画，他与妹妹露丝用焦油在房屋墙壁上涂鸦惹得父亲生气，老师布置画花他却画成人脸而遭到训斥，校长发现他在地理课上画画，曾断言："小伙子，你这样的人将一事无成。"沃尔特童年最珍贵的记忆是舍伍德医生，他经常得到舍伍德作为鼓励的小礼物，还曾牵马站一整天为他当模特。沃尔特的学习成绩并不出众，但他的绘画和表演天赋早为人知，有一年林肯纪念日，他模仿林肯总统演讲逗乐全校师生。他完成一副人体绘画后，老师不太相信，认为是临摹的。

在马瑟林住到第五年，父亲将农场低价出售，变卖家产，搬迁到堪萨斯市投奔沃尔特的叔叔罗伯特。后来，父亲买下一条配送报纸的线路，沃尔特和哥哥罗伊每天早上三点半起床去送报，下午放学后再送晚报。15岁时，父亲卖掉送报权，全家迁回芝加哥，开办了一家果冻厂，沃尔特先在果冻厂帮忙，后来做夜班警卫，又到邮局工作，期间在芝加哥艺术学院上夜校，学习美术。

1919年，他与厄布·埃维克斯自筹资金联合创办埃维克斯—迪士尼广告公司，可惜两个月后公司倒闭，他们只好临时为别人制作动画短片广告，周薪40美元。

工作之外，沃尔特借来一部摄影机，在罗伊的车库拍摄一些动画短片，卖给动地电影院播放。1922年他发行第一部动画片《小红帽》。1922年5月，他筹资1.5万美元，再次和厄布联手创办欢笑电影公司。不料，沃尔特聘请的两名推销员却拿了公司的钱逃之夭夭，使沃尔特陷入困境，终于宣告破产。

1923年，沃尔特来到位于加州的好莱坞，和哥哥罗伊凑了3200美元重新创业，成立了"迪士尼兄弟动画制作公司"，这是今天迪士尼娱乐帝国真正的开始。

1928年，沃尔特先后创造出三部以米老鼠为主人公的卡通片。他对影片的质量要求极高，影片中细致的动作需要人工手绘2万个画面，沃尔特做到了。资金用尽了，他就卖掉自己心爱的跑车，决心一定要把影片做得尽善尽美。1930年，米老鼠的形象开始在全世界家喻户晓。

沃尔特在得力助手厄布被挖走后，大病一场，暂时停止了米老鼠动画片的生产。1932年，他又振作起来，制作出迪士尼公司的第一步彩色有声动画片《花儿与树》，这部片当年获得了奥斯卡奖。继此之后，沃尔特又先后推出《三只小猪》《白雪公主和七个小矮人》《木偶奇遇记》《小鹿斑比》《幻想曲》等一批优秀的动画片。

沃尔特的余生一直为建造佛罗里达州的迪士尼世界而奔波劳碌，直到1966年12月15日因肺癌与世长辞。

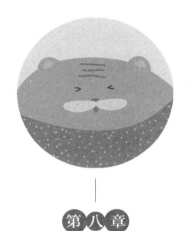

第八章

劳动赚钱，培养孩子只有付出
才有回报的意识

社会学家研究表明：我们每一个人在还是小孩子的时候，就有着很强烈的挣钱愿望。既然每个孩子的天性里都有赚钱的基因，那么接下来的事情就看父母们如何引导孩子去赚钱了。比如，为孩子提供一些通过工作来获得报酬的机会，不仅可以培养他们的劳动意识，也可以让他们明白，劳动和工作是获得收入的一种方式。最重要的是让他们明白：只有付出劳动，才会有回报。

儿童财商课

天下没有免费的午餐

人天生有一种惰性，就是不劳而获，渴望天上掉馅饼，人性的这个弱点决定了人的偏好。比如，爱吃免费的午餐。因此，许多拥有智慧的大富豪，最怕子女们因贪图享受，习惯不劳而获毁了家族的产业，毁了自己的一生。

李嘉诚就曾说："如果子孙是优秀的，他们必定有志气，选择凭实力去独闯天下。反言之，如果子孙没有出息，享乐、好逸恶劳、存在着依赖心理，动辄搬出家父是某某，子凭父贵。那么留给他们万贯家财只会助长他们贪图享受、骄奢淫逸的恶习，最后不但一无所成，反而成了名副其实的纨绔子弟，甚至还会变成危害社会的蛀虫。如果是这样的话，岂不是害了他们吗？"

下面先看一个古代的小故事，父母也可当睡前故事讲给孩子听。

财商小案例

从前，有一位爱民如子的国王，他在位期间，一直兢兢业业，带领着他的臣民不断开拓创新，终于使整个国家繁荣昌盛起来，人民丰衣足食，安居乐业。后来，国王渐渐老去，而深谋远虑的他，担心他死后人民是否还能过着幸福的日子，于是便召集了一批国内最著名的学者，然后命令他们根据自古以来的经验，总结出一种能够确保人民生活幸福的永世法则。

这些学识渊博的学者们接受了国王的命令之后，便开始努力地钻研，并搜集、查阅了大量的资料，终于在三个月后，把三本厚厚的帛书呈给国王说："尊敬的国王陛下，天下的所有知识都已经汇集在这三本书里了。只要让老百姓把这些书读完，就能确保他们的生活无忧了。"国王不以为然，因为他认为老百姓不会花那么多时间来看书。所以，他命令这些学者再继续钻研。

于是，学者们又开始了夜以继日的钻研，对那些内容进行反复地删减。两个月后，学者们终于把那三本厚厚的书精简成了一本，并再次呈到国王面前。但是，国王看后，还是不满意，又让学者们拿回去继续精简。

一个月后，学者们这一次把一张纸呈给国王，国王看后非常满意地说："很好，只要我的人民日后都真正奉行这宝贵的智慧，我相信他们一定能过上富裕幸福的生活。"说完后便重重地奖赏了这些学者。

原来这张纸上只写了一句话：天下没有免费的午餐。

这句话一语道破一个真理：任何美好事物的获得都是极为艰难的，都要为之付出相应的代价。要想有所收获，就得有所付出。有耕耘才有收获，有奋斗才会有成功。要想花一分的代价去换取十分的回报，是永远不可能的。

很多人都想快速发达，但是却不明白做任何事情都应踏踏实实地努力才会有所成就。只要存有一点儿碰运气的心态，你就很难全力以赴。这种心态会成为人们努力的绊脚石。

洛克菲勒曾这样告诫孩子："勤奋工作是唯一可靠的出路，工作是我们享受成功所付出的代价，财富与幸福要靠努力工作才能得到。天下没有白吃的午餐。如果人们知道出人头地要以努力工作为代价，大部分人就会有所成就，同时也将使这个世界变得更加美好。而白吃午餐的人，迟早会连本带利地付出代价。"

全世界都知道犹太人理财智慧独步天下，殊不知，犹太父母从小就灌输给孩子"不劳无获"的法则。犹太人的家庭教育有句口号："要花钱，自己赚。"当孩子想要父母满足他的愿望时，犹太父母就会告诉孩子，你必须通过自己的努力，才能换得你想要的东西。

总之，父母要从小让孩子明白"天下没有免费的午餐"这句话的道理，让他知道钱不是凭空来的，风刮不来钱，雨下不来钱，要想得到钱，必须要付出劳动。当然，只给孩子讲道理是不行的，还必须让孩子亲身体会钱来得不容易。比如，父母可以鼓励孩子自己卖旧玩具、打零工、摆小摊、搞小发明和创意赚钱等，让孩子从小通过亲身体验学会珍惜金钱，自食其力。

$ 财商小课堂

通过劳动赚来的钱，孩子才会珍惜

赚钱要靠辛勤地劳动，而且只有通过自己劳动赚来的钱，孩子才会倍加珍惜。当然，现在社会的整体水平越来越高，家庭条件越来越好，想要让孩子历经磨难，这显然是不现实的事情。但是父母依然可以让孩子体会一下赚钱的滋味，赚钱过程中经历的酸甜苦辣会让他懂得金钱是来之不易的，这样他才能学会珍惜。

让他做"家庭小工"，体验赚钱的艰辛

"爸爸，给我50块钱，我要买一个遥控车！""妈妈，我的零花钱用完了，再给我10块钱。"……现在的孩子经常会向父母提出这样那样的要求，父母既不想拒绝孩子，又怕孩子养成乱花钱的坏习惯。其实，归根结底，这是因为孩子不懂得父母赚钱的艰辛。那么，父母具体应怎样对待孩子的这种行为呢？

财商小案例

天天是小学三年级的学生，有一次，他看见班里其他同学有音乐耳机，要求妈妈给他买一个。妈妈觉得那东西除了听歌，对学习并没有太大的帮助，长时间用它，反而对耳朵不好，就没同意。

天天却不罢休，不但听不进去妈妈给他讲的道理，反而说出一大堆反驳妈妈的理由。见他想要拥有一个音乐耳机的愿望这么强烈，妈妈觉得这是培养他理财能力的好机会。

妈妈对天天说："如果你特别想买音乐耳机，完全可以自己赚钱

买。你现在还太小，不能到外面赚钱，但你可以在家'打工'赚钱。这样吧，你帮妈妈倒一次垃圾，可以赚2元；帮妈妈洗一次碗，可以赚3元；帮妈妈拖一次地，可以赚2元……"

天天听后眼睛一亮，为了能尽早买到喜欢的音乐耳机，从那之后，他不但把家里倒垃圾和洗碗的任务全部包揽，还经常利用周末的时间帮忙打扫家里的卫生。

三个多月后，天天终于赚够了买音乐耳机的钱。当妈妈带着他去商场时，他却犹豫了很久，又舍不得买了，因为天天觉得这是他辛苦赚来的钱，只能买真正需要的东西。

案例中天天的妈妈让他做家务来赚取零花钱的这种方法，可以使孩子体会到赚钱的艰辛，也能让孩子学会感恩与回报。比尔·盖茨说过："让孩子从小懂得付出劳动就会获得零花钱，这对孩子的一生都是有益的。"生活就是这样，有付出就会有收获。身为父母，不能让孩子把父母的付出视为理所当然。孩子想得到零花钱，就必须付出劳动，这样他才能体会到赚钱的不易与收获的快乐。

英国家庭教育家伊丽莎白·邦得里说过："给孩子布置家务是让孩子建立自我价值感和相信自己能力的一种最好的方式。习惯于承担家务的孩子，在走向成年的过程中，往往比那些缺乏这种体验和责任感的孩子更容易适应生活。"可见，让孩子从小去体验劳动的艰辛是多么的重要。

因此，父母要有意识地让孩子从小帮着做一些诸如扫地、洗碗等简单的家务，并适当地给予一些硬币来奖励孩子；等孩子长大一些

儿童财商课

后，可以让孩子在周末帮着做一顿早饭、热一杯牛奶等。这样不仅可以锻炼孩子的独立生活能力，还能让他深刻理解劳动的价值和自食其力的道理，树立正确的劳动价值观和理财观。

$ 财商小课堂

培养孩子爱劳动的好习惯

爱劳动的孩子，做事条理性会强一些；劳动能够增强孩子的体质，促进血液的循环；劳动可以让孩子融入真实生活中，减少玩游戏、看电视的时间；劳动还关系到孩子今后的就业成才和幸福生活。美国哈佛大学学者们的一项长达二十多年的跟踪研究结果显示：爱干家务的孩子与不爱干家务的孩子相比，失业率为1∶15，犯罪率为1∶10，离婚率与心理患病率也有显著差别。

"付出"就一定要有"回报"吗

在让孩子做"家庭小工"时，大多数父母担心和孩子进行金钱交易会有损家庭关系，使孩子形成把所有的东西都标上"价格"的观念和习惯。当然，这种顾虑并非杞人忧天。但任何事情都有利有弊，关键在于父母如何引导孩子。比如，在给朋友帮忙时，最好不要期望能获得报酬。如果这个忙是其他人都会无偿为朋友做的，那么孩子就不应接受报酬。

或许，有时候我们通过一件小事情就能让孩子懂得：尽管有钱不错，但人与人之间的关爱更是无价的。下面的小故事就能很好地说明这个问题。

财商小案例

8岁的小男孩文文喜欢用钱来衡量每件东西。他想知道他看见的每件东西的价钱，如果这个东西不是很贵，他便认为它毫无价值。但是有很多东西不是用金钱就能买到的，而且其中有些是世界上最宝贵的。

儿童财商课

一天早晨，文文下楼吃早饭，他把一张叠得整整齐齐的纸放在妈妈的盘中。当妈妈打开这张纸时，她简直不能相信，但这的确是文文写的。

妈妈欠文文：

跑腿费3元

倒垃圾2元

擦地板2元

小费1元

上英语课2元

妈妈总共欠文文10元

妈妈看到这张字条时笑了笑，但她什么也没说。

吃午饭时，她将账单连同10元钱一起放在文文的盘中。文文看到钱时，眼睛都发光了。他把钱很快地放进口袋，开始盘算着用这笔报酬买什么东西。

突然，他看见在他的盘子边上还有一张纸，整整齐齐地叠着，像他给妈妈的纸条一样。当他把纸条打开时，他发现是一张他妈妈写的账单感到非常惊讶，于是赶紧读下去。纸条上是这样写的。

文文欠妈妈：

教养他0元

在他得水痘时照顾他0元

买衣服、鞋子和玩具0元

吃饭和整理漂亮的房间0元

每天送他去学校0元

文文总共欠妈妈0元

　　文文坐在那儿看着这张新账单，没有说一句话，眼睛里闪烁着泪花。他搂住妈妈的脖子，把那10元放在妈妈的手中，说："妈妈，都是我不对，我不要钱了，我会无条件地爱您。"

　　故事中的文文给妈妈开了一张账单，他帮妈妈"打工"，要妈妈支付报酬。后来，妈妈也给文文开了一张账单，妈妈生养他、抚育他到现在，付出了多少心血和汗水，但妈妈只收取"0元"。在这样的数据比较中，纠正了文文"所有付出都要有报酬"的错误心理。

　　父母在让孩子"做小工"赚零花钱时，一定要注意，一些必要、简单的家务劳动应视为孩子的义务，比如，洗自己的衣服、整理自己的房间、完成作业等。要让他知道，每个人都应该有自己的义务，义务之内的事情不能用金钱来衡量。如果需要请外人或是做比较复杂的工作，比如，擦鞋、擦车、修剪花草等，可以让孩子承担，但父母要付出相应的报酬。

　　而且，父母也应引导孩子认识到：还有很多比钱更可贵的东西，如亲情、快乐、健康等。告诉孩子赚钱不可耻，但是不能掉在钱眼里，在赚钱的同时，要无偿地做自己该做的事。在金钱和亲情的选择中，应该放弃金钱，选择亲情。

💲 **财商小课堂**

孩子获取财富必须先自立

什么是自立呢？自立就是孩子自己的事情要自己做。例如，整理学习用品，记住和准备好自己第二天该带的东西；自己解决学习中遇到的问题；搞好个人卫生，如自己收拾和打扫自己的房间，摆放好自己的衣服、日常用品并保持干净等。父母要告诉孩子：获取财富必须要先自立，自己应该做的事情跟父母要报酬是不正确的。

让孩子走出家门劳动来赚钱

　　如果孩子总是在家劳动赚钱而不走出去，那么他将不会真正体会到劳动的艰辛、挣钱的不易。因为孩子在家劳动面对的毕竟是自己的父母，若孩子没完成任务，父母一定不会像社会上的人一样责备他。只有让孩子走出去，孩子才会在锻炼的基础上真正成长。走出去的劳动，才算是真正的劳动赚钱。这样孩子不仅能赚到更多的零花钱，也能增加更多的历练。

　　接下来我们先看一个财商小案例，看看故事中孩子的妈妈是如何让孩子走出家门劳动来赚钱的。

财商小案例

　　在很多人眼里，周丽的儿子多多是名副其实的富家子，应该"吃穿不愁，花钱大手大脚"。但是，今年已12岁的多多，几乎从未从周丽手里直接拿到过零花钱。这是因为周丽一直鼓励多多要自食其力、通过劳动来挣钱。

儿童财商课

6岁的多多第一次出门赚零花钱。

那天情人节，周丽借了50元给多多，让他去买了10支玫瑰花，然后回到公园卖花。周丽还对多多说："本金要还给我，赚的钱才是你的零花钱。"

尽管多多围着顾客挨个儿推销，但1小时过去后仍一毛也没挣到。

周丽看到这样的情况，支着给儿子，说："你的方法不对，这些人正忙着练舞，哪有时间和心情买花呢？今天是情人节，你最好找情侣买花，嘴巴尽量要甜，要知道夸哥哥帅气姐姐漂亮；如果是中老年夫妻，你要夸他们和睦恩爱……"

于是，多多仔细观察，按照妈妈所言如法炮制，果然成功。最后，多多不仅把本金如数归还，还把挣来的、原本计划买玩具的零花钱存了起来。

那天回到家，爸爸还一直夸多多真棒。爸爸还对妈妈说："这个教育方式真是不错，这样可以让平时内向的儿子通过锻炼，变得勇于和陌生人沟通交流，还知道了赚钱的不容易。"

周丽锻炼多多6岁卖花是一个成功的早期教育的案例，既锻炼了孩子与人交际的能力，让他更好地认识了"买"与"卖"，又能让他体会到父母赚钱的不易，为孩子以后的人生观和财富观的形成打下坚实的基础。当然，让孩子走出家门劳动赚钱并不是真的让他去打工，这样国家法律也是不允许的，其目的是让孩子去体验和锻炼，懂得只有付出才会有回报的道理。

除了案例中让孩子去外面卖花，父母也可以鼓励孩子把家里用不着的旧书、孩子不想玩的玩具收集起来，放在一个包里，然后和孩子挑一个晴朗的天气，背上包，带一块小席子和一个小板凳，到旧货市场占一个摊位，和孩子一起摆地摊。

一些人可能会认为，让孩子出去赚钱，是受钱的驱使，是把家庭关系退化成金钱关系。但在犹太父母看来，金钱教育绝不仅仅是一种理财教育，更是一种人格、品德教育。犹太家庭对孩子的培养重视长线投资，他们不会担心孩子今天去卖报纸就代表他要一辈子都卖报纸。总之，出门赚钱可以让孩子品尝生活的真实滋味，能够帮助孩子寻找人生的坐标和榜样，更能激发孩子建立人生目标的愿望。

⑤ 财商小课堂

薄利多销的生意技巧

在孩子出门"劳动赚钱"前，父母要告诉孩子薄利多销的生意技巧，高价容易让人产生望而却步的感觉，低价低利则可以扩大销售量。简单地说，由于商品的价格下降，销售量增加的幅度就大于价格下降的幅度，所以总收入就会增加。

劳动赚钱，吃苦耐劳的精神不可少

现在，人们的经济水平不断提高，生活条件也越来越好，但是孩子们吃苦耐劳的精神越来越稀少。吃苦耐劳的精神是积累财富的必要因素。几乎所有大富翁的成功都离不开吃苦耐劳的精神。

财商小案例

在美国伊利诺伊州一个叫哈佛的小镇上，有一群孩子为了换取自己的零花钱，经常利用课余时间到火车上卖爆米花。

有一个十岁的小男孩也加入了这个行列。在火车上这个小男孩除了和其他的孩子一样吆喝，还把奶油和盐拌匀后一起加到爆米花里面，这一简单的举动使他的爆米花更加美味可口。结果，他的爆米花比其他人的卖得好，经常供不应求，因为他懂得如何做得比别人更好。

当一场突如其来的大风雪封住了几列满载乘客的火车时，他又有了新的想法，赶制了许多很普通的三明治带上了火车。他的三明治虽然味道不是很好，却很快卖完了。因为他懂得抢占市场先机，等别的孩子也想到的时候，火车已经开走了。

夏天来临时，这个小男孩又设计出一个能挎在肩上的半月形箱子，在边上刻出一些小洞，刚好能堆放蛋卷，并在中间的小空间里放上冰激凌。结果，这种新鲜的蛋卷冰激凌倍受乘客的欢迎，小生意又火爆了一时。因为他懂得审时度势，创新使他获得了又一次的成功。

其他的孩子，从一开始就跟在他的后面，这个火爆就卖这个，那个好卖又急着卖那个。当卖蛋卷冰激凌的孩子大增时，他意识到生意不好做了，就很干脆地退出了竞争。果不其然，小生意变得越来越难做了，而他又因及早退出而没有受到任何损失。因为他懂得以平和的心态预测未来，放弃反而使他获得了成功。

后来，当人们再次回头去看这个成功的男孩走过的生意道路时，他已经拥有了一个誉满全球的品牌——摩托罗拉。这个小男孩就是摩托罗拉的创始人保罗·高尔文。

相信很多人初看这个故事后，真的不敢相信一个年仅十岁的小男孩竟然能具有如此厉害的商业头脑，在一次次的竞争中取胜，避免损失。保罗·高尔文人生道路上，遇到过许多困难，然而，他的取胜之道就是，面对困难，他会把它们一一克服、战胜，并且还要想着这一次比上一次做得更好、更有新意，懂得抢占市场先机，及时抽身。

现在家庭条件好的父母有很多，他们会满足孩子的很多要求，但父母的这些行为不见得能把孩子培养成自己可以独立劳动赚钱的能手，因为他们可能经不起打击，可能经不起挫折，吃一点儿苦就会喊累，遇到一点儿困难就可能退缩。只有那些能在困难面前自强不息，

儿童财商课

具有坚定信念并坚持到底的人，才会收获财富的成功。

因此，父母在让孩子劳动赚钱的过程中，要有意识地培养孩子吃苦耐劳的精神。在遇到困难时，父母要先给孩子克服困难的机会，不要急着去帮助他，而是要让他自己去想办法克服困难；当孩子喊累时，要鼓励孩子不要轻易放弃，坚持到底就是胜利；等等。

💲 财商小课堂

延迟满足能力

延迟满足的能力就是我们平时所说的"忍耐力"。一个人的延迟满足能力越强，就越能抵挡所面临的种种诱惑，控制自己的冲动，而专注于更有价值的长远目标。在财商教育中，父母要注意培养孩子的这种能力，对孩子进行"延迟满足"的训练，这样孩子将来才有能力抵挡诱惑、战胜困难。

摩根写给孩子的信：金钱的用途

亲爱的小约翰：

　　我一向很少批评你，不曾在哪些方面限制过你，因为我不想把你束缚在我的模式之下。但是，最近发生的一些事，让我感到很担心，使我觉得有必要写这封信给你，就金钱方面的问题跟你交流一下。

　　这件事的起因是会计室曾请我承兑两三张清单，这件事使我深感疑惑。你那一笔巨额的招待费，像是招待了王公贵族似的，但在我的印象中，我们的客户里并没有什么王公贵族。那么，是客人要求你这么隆重地招待他们的呢，还是你自己染上了奢靡浪费的恶习？

　　在顾客或是朋友们的眼里，你是一个非常海派的人。适度的大方是应该的，我并不认为这是错误的。但是，太过于浪费，就有故意摆阔的味道了，我不认为这是一件好事。

　　金钱有两种用途：一是用来投资，赚取利润；一是用于享受生活，无度挥霍。钱可以买来赏心悦目的家具，也可以买来一夜的酩酊大醉，而不必考虑明天的生活。我最担心的事情就是：你会不知道钱的正确用途，以为充阔佬、出手大方，就能博得其他人的好感。

你一定知道第一印象的重要性。但是，去豪华饭店招待新客户，固然是体面而且很快乐，却不见得能让客户留下良好的第一印象，对于这一点，你是否认真考虑过呢？事实是，顾客已经实地参观了我们公司，也接受了100美元的用餐招待，他们决定怎么做，心中早已有数了。你应该做的事情是充满自信地与他们谈生意，而不是把你的钱包（实际上也是我的钱包）掏空。

另外，你是否明白，你这种花钱如流水的奢靡态度，很可能使许多顾客对你敬而远之。因为他们会想，你手中的钱正是从他们身上赚走的，甚至还会怀疑你卖给他们的价钱是不是太高了？如此一来，他们不免考虑以后是否仍要和你做生意。而你为了和他们继续保持业务往来，必须付出加倍的努力与别人竞争。

让客户明白我们公司的财务实力雄厚固然重要，但是浪费金钱，却会被人认为是愚蠢的行为。企业家的工作就是利用现有的资金去创造更大的财富，而绝不是把财富无度地挥霍掉。一个奢靡挥霍的人，非但不会得到受益者的尊敬，反而会被他们在背后讥笑为傻瓜，而不愿与他交往。

你的父亲

约翰·皮尔庞特·摩根

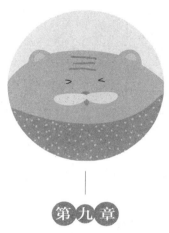

第九章

分享财富，让孩子懂得
感恩与回报

　　一个人在财富积累到一定阶段后，由于对财富意义理解的不同，支配财富的方式也会截然不同。越来越多的财富名人的事例告诉我们，财富的意义不在财富本身。除了满足日常的生存需求外，我们也有责任为自己的财富寻找到超越个人需求的意义，懂得感恩与回报，才是财之大道。

让孩子懂得与人分享

受中国传统的"再穷不能穷教育，再苦不能苦孩子"这一观念的影响，加上现代家庭中大多只有一个孩子，两个大人围着一个孩子转，这样的家庭里的孩子没有兄弟姐妹和他分享，一切都是以他为中心。如果达不到要求，动辄耍脾气，父母一见家中的"小皇帝"发脾气了，不管要求合理不合理，一切顺从孩子，这是滋长孩子自私观念的温床。就这样，孩子不知不觉地成为家庭的"中心人物"，"唯我独享"，久而久之，便形成了自私的性格。但是，父母要明白，一个表现自私、不懂得与人分享的孩子，财商教育是不会成功的。一个人财富事业的成功，一定是因为他懂得分享的智慧。就像下面案例中的潘基文先生：

财商小案例

韩国有一个家庭，家中有三个儿子。有一次亲戚送给他们两筐苹果，一筐是刚刚成熟的，还可以储存一段时间；一筐是已经熟透的，如果不在两三天内吃掉，就会腐烂变质。父亲把三个孩子叫过来，问："这里有两筐苹果，该怎么吃才能使容易腐烂的苹果不浪费掉呢？"

大儿子说："先挑熟透的吃，因为那些容易烂掉。"

"可等你吃完那些，其余的苹果也要开始腐烂了"，父亲立即反驳道。

二儿子思考再三说："应先吃刚熟的，先拣好的吃呗！"

"如果那样的话，熟透的苹果会很快烂掉。"

父亲把目光转移到一直沉默的小儿子身上，问："你有什么好办法吗？"

他思考片刻说道："我们最好把这两筐苹果混在一起，然后分给邻居们一些，让他们帮着我们吃，这样就会很快吃完而不会浪费一个苹果。"父亲听了，满意地点点头，笑着说："不错，这的确是个好办法，那就按你的想法去做吧。"

故事中的小儿子就是前任联合国秘书长潘基文。潘基文曾在不同场合说起苹果的故事。我们在与别人分享的同时，自然也会得到别人的回馈，只有那些被用于分享的苹果才会永久保鲜。

从这个小小的吃苹果故事中可以看出，这位在良好家教氛围中长大的潘基文先生的身上，有着常人难以企及的卓越和更为可贵的"心中有邻居"、乐于与他人分享的爱心，正是这种从小被父亲培植起来的爱心使他树立了"心中有他人，心中有集体，心中有地球"的价值观，最终使他得以实现自身的价值，取得辉煌的成就。

托尔斯泰说过："神奇的爱，会使数学法则失去平衡。两个人分担一个痛苦，只有一个痛苦；两个人分享一个幸福，却可以拥有两个幸福。"因为爱迪生的分享，光照亮了整个人类；因为凡·高的分享，凡·高的朋友高更在"向日葵"里感知燃烧的友情。他们用传奇的经历证明了分享可以改善人际关系，分享可以使人拥有财富成功，分享可以改变世界。

年轻的父母们，从现在开始，引导孩子学会与人一起分享吧。

（1）父母不要娇惯和溺爱孩子，不要一切以孩子为中心，无限制、无条件地满足孩子的任何需求，给予他特殊的地位。

（2）父母应该给孩子创造更多的机会让孩子与其他小朋友一起玩，可以让孩子邀请小伙伴到家里一起玩，让孩子在与同伴的游戏交往中，变得大方得体，学会与人交往的技巧，养成关爱他人、谦让友好的行为习惯。

（3）父母要努力让孩子懂得分享，对孩子每一次小小的进步都要给予及时的肯定和表扬，从而在一定程度上强化孩子的分享行为，让孩子慢慢习惯并乐于分享。

⑤ 财商小课堂

身无分文也能成为富翁

人穷志短，这是穷人之所以成为穷人的借口。人穷而志不短，这是穷人成为富人的信念和秘诀。许多人一直抱怨自己没钱，抱怨社会的不公平，抱怨挣钱无路，抱怨自己出身贫困，整天带着怨气活着。抱怨丝毫不能改变自己的命运。父母要告诉孩子，身无分文并不可怕，可怕的是自己总是看不起自己；只要有骨气和毅力，必定能创造出财富。

告诉孩子"助人即助己"的道理

　　曾经看到这样一组漫画：第一幅画中有两排人，每个人面前都放着一口大锅，锅里是热气腾腾的美食。每个人手里都有一把很长的勺子，大家拼命地想舀到自己锅中的美食，可是勺把太长，无论怎样努力都办不到，于是每个人都很失望、沮丧；第二幅漫画中是同样的人、同样的锅，不过每个人都将长勺伸向锅中，将舀起的食物喂给对面的人吃，结果大家都吃到了美食。他们每个人都相视一笑，其乐融融。这组漫画说明：帮助别人就是帮助自己。当然，世界上拥有财富的人大都不是孤军奋战，他们更乐意与人合作。 比如，下面的这位弗兰克大叔。

财商小案例

　　美国有个叫弗兰克的农民，经营着一家农场，他对耕种非常在行，经常在各种农业比赛中获得大奖。在每年秋天的种子交易会上，他家的粮食和蔬菜种子卖的价格最贵，即使这样，还经常供不应求。后来，他

儿童财商课

年纪大了，决定把农场交给儿子管理。

有一天，他跟儿子交代好了农场大大小小的事情后，非常严肃地对儿子说："还有一件非常重要的事，你一定要牢记在心。每年秋天，无论咱们家的种子多么紧缺，你都要挑一担最好的种子送给邻居们。"

儿子听了很不理解，"爸爸，我们家种的粮食和蔬菜远近闻名，每年秋天，我们家的种子也是最抢手的，卖的价钱也最贵。您为什么放着高价不卖，反而要免费送给邻居呢？"

"孩子啊，你知道我们家的蔬菜和粮食为什么越种越好吗？"儿子摇摇头。

"有一个秘密，现在必须告诉你。因为每年我都把最好的种子送给邻居们。"

"为什么要送给他们，而不卖给他们？"

"你知道风是花粉的媒介，每年植物开花时，风把花粉从一片地里吹到另一片地里。如果邻居用了劣质的种子，劣质种子的花粉被风吹进咱们家的田地，咱家的蔬菜和粮食就长不好了。记住，给邻居好的种子，分享是助人，更是助己。"

这就是弗兰克大叔教给儿子的生财之道。助人即助己，生存就是共存。社会分工越细，每个人对他人的依存度就越高，不懂与别人合作，甚至排斥异己，最终无疑会害了自己。

不仅是人类，动物也是如此。研究人员发现，黑猩猩会为受到豹子攻击的伙伴舐舐伤口，为了受伤的同伴能够跟上，它们还会放慢步伐。在同一群组中，黑猩猩（无论雌雄）还会收养孤儿。在动物的社交群落中，表达关心是很常见的。它们还会为了集体利益而协同合作，因为只有帮助别的伙伴，与人合作，它们才能生存下来。

英国的"超级果酱"创始人，14岁开始创业的青年慈善家弗雷泽·多尔蒂曾说："我创业的动机是为了回报社会，帮助那些需要帮助的人。"他在成功后回报社会，创办了慈善组织，为老年人举办茶话会，给他们表演节目，这给老年人带来了快乐，与此同时，也提高了自己产品的社会影响力和知名度。多尔蒂小小年纪就懂得创办企业的真谛：为他人着想，关心别人。这要归功于他在童年时祖母和父母的教育。

因此，父母在培养孩子财商的过程中，要教导孩子学会关心和帮助他人，学会分享，学会承担社会责任感，这对孩子树立正确的财商是非常重要的。因为一个人的成功中，情商、智商、财商，三者缺一不可。

如果孩子在童年时从父母那里懂得"助人即助己"的智慧财富，那么，未来在商场和职场上他便能驾轻就熟地获取财富。

⑤ 财商小课堂

助人能积累人脉，成就财富

助人可以建立良好的人际关系，对于一个现代人而言，人际关系越广泛，机会就越多，成功的概率也就越大。因此，父母应有意识地帮助孩子建立起一定的人际关系，因为拥有良好的人际关系，就等于拥有了一笔重要的无形资产。

让孩子为家人花钱，学会感恩

"妈妈，这个儿童节送我什么新礼物？""爸爸，今天是我的生日，我想要一个和隔壁文文家一样的遥控飞机行吗？"当孩子提出这样那样的要求时，作为父母，你是接受还是拒绝？怎样能让孩子在得到礼物的同时懂得感恩而不是一味索取？怎样让他们了解最值得珍惜的不是礼物，而是亲人、快乐、爱？

财商小案例

在母亲节那天，石头花了20元给妈妈买了一条项链，并且亲手做了一张精美的贺卡，在那天晚餐的时候送给了妈妈。

石头说："妈妈，以前都是你和爸爸送我礼物，现在我攒了一些零花钱，而且今天是母亲节，这是我送给妈妈的礼物，希望妈妈越来越漂亮。"

这是石头第一次给妈妈买礼物，尽管没有多少钱，但那份心意非常珍贵。妈妈激动地说："好孩子，妈妈知道你这份孝心了，谢谢你。"

随后，石头还让妈妈打开盒子，看看里面的礼物。妈妈打开后，看到一条非常精致的项链，很喜欢。石头还告诉妈妈："在我去店里挑选礼物的时候，店里的阿姨还给我优惠了呢。"妈妈看着懂事的石头，笑得合不拢嘴。

在孩子小的时候，所有的花费都是父母支出的，于是在他的心目中，渐渐形成了一种错误的观念，认为这些都是理所当然的事情。时间长了，一些孩子就会变得对家人非常小气，只想着家人给自己钱花，而自己却不愿意为家人尽一份孝心，不懂得感恩家人。

作为父母，当发现孩子不懂得感恩家人、自私自利的时候，千万不要掉以轻心，应积极帮助他改正过来，让孩子学会感恩家人。因为感恩是高尚的品德，是人际交往的重要原则，也是家教中一项不可缺少的内容。教会孩子学会感恩家人其实是一件很简单的事情，只要父母多用心，在平时生活的小事中，潜移默化地影响和教育孩子，给孩子做个好榜样，多提醒孩子，多给孩子讲道理，就可以让孩子自然而然地养成好习惯。

另外，让孩子感恩父母不是要求孩子买多贵重的礼物，花多少钱，这只是一种教育孩子学会感恩的一个方法。其实，父母的要求很简单，只要在家人累的时候给他们端一杯热水、泡一杯热茶，他们的心里就会感到非常满足。或在父亲节、母亲节来临时给爸爸妈妈买一朵花，亲手制作一张卡片送给他们，他们都会感到非常的美好。姥姥、姥爷生病了，也可以买点礼物看望他们，和他们多聊聊天。这些都是让孩子学会感恩、关心家人的方法。

$ 财商小课堂

付出比得到要重要得多

现在的父母对孩子付出太多了，多少父母成了孩子的保姆，孩子却一点不把父母放在心里，认为父母这样做都是应该的，甚至在成年后依然不懂得感恩，依然充满着抱怨。从小娇惯的孩子大多无情无义。

慈善教育，从孩子小时候抓起

当今世界，慈善已成为国际性的、被世人所熟知并崇尚的一种美德。说到慈善，很多人可能觉得那是西方的产物。事实上，中国是世界上最早倡行与发展慈善事业的国度。中国传统的儒道文化中，也早就蕴含了非常深刻的慈善思想，如儒家的"仁"和道家的"行善积德"等。然而，我们现代家庭中的孩子绝大部分是独生子女，种种调查显示，现在的孩子普遍缺乏爱心、责任心。这会对他以后获得财富与成功产生阻碍作用。因此，父母有责任在孩子小的时候，引导孩子的慈善意识和行为。

财商小案例

又一个春节过去了，壮壮的零花钱总资产已经成功突破千元大关。于是，妈妈挑了一个晴朗的周末，带着壮壮去银行把他的零花钱存起来。走着走着，妈妈看见广场上有许多人，还有一条横幅，上面写着"扶贫救济，共奔小康，慈善一日捐活动"，主办方想通过这个主题的募捐，来为西部干旱地区募集救灾款。妈妈心想：这是培养孩子慈善意识的好机会。

妈妈鼓励壮壮说："儿子，从你的零花钱中拿出50元，捐给灾区好不好？"

壮壮立刻就不愿意了，说："不要，我好不容易攒这么多的零花钱，为什么要捐给别人呢？"

这时，妈妈蹲下来耐心地解释说："因为我们在做一件非常有意义的事情啊。如果今天你捐给慈善机构，那50元就可能改变一名受灾小朋友的命运，就可以让受灾小朋友的生活过得更好一些。因为他们连水都很难喝到，冬天也没有特别保暖的衣服穿，更别说拥有你所拥有的玩具了。"

壮壮听后，急忙从口袋里掏出自己攒起来的零花钱，抽出了一张100元的给了妈妈："妈妈，我要捐100元，希望那里的小朋友生活好一点儿。"妈妈看着壮壮越来越懂事，很欣慰，摸着他的头说："壮壮，这钱是你捐的，妈妈希望你亲自放入募捐箱，你要记住有很多困难的小朋友需要我们每一个人去帮助。"在回家的路上，妈妈能感觉到壮壮非常开心，因为他感受到了帮助别人的快乐，比自己存零花钱还要开心。从那以后，壮壮经常会拿出自己的一部分零花钱进行捐赠。

父母让孩子学做慈善，这是孩子财商教育的必修课。父母要让孩子明白，赚钱不是单纯为了自己，同时也要回馈社会，在自己力所能及的范围内，在物质上和精神上提供给别人必要的帮助。当孩子用自己的零花钱帮助困难的人时，他就会体会到帮助别人的快乐，这对他未来树立正确的财富价值观会有很大的帮助。

另外，畅销书《富爸爸，穷爸爸》的作者罗伯特·T. 清崎先生说，他的富爸爸深信钱是要先付出才会有回报的，因此，在年轻时就养成习惯，无论再困难都要定期捐出一点钱来回馈社会，于是他越来越富有。而穷爸爸总是说，只要有多余的钱一定捐出来，然而终其一生，他始终都没有多余的钱。因此，孩子的慈善教育对他以后的财富之路非常重要。

慈善教育的首要任务是在孩子的成长初期，用最质朴的方式，告诉他什么是分享，什么是责任，什么是给予，什么是爱。当然，慈善教育的核心并不是传统意义上的大慈大悲，也不是一定要捐款、捐物，它需要的是从小事做起，长期的、由始至终的爱心的积累。那么，父母应该怎样进行对孩子的慈善教育呢？具体可参考下面的几条经验。

1. 父母要以身作则

父母应当是孩子最好的榜样，父母首先要通过自己的行为来教育孩子什么叫作慈善，什么叫作助人为乐。而他们树立孩子的慈善理念的方式往往都是从小事做起，进而成就他未来人生的大仁爱、大作为。

2. 父母带领孩子参加慈善活动

父母可以带着孩子参加慈善活动，这会让孩子体验到助人的快乐，帮助别人，快乐自己，可以让孩子看到平时接触不到的那些需要帮助的人们，看到那些孤残孩子的生活状态，了解他们的向往和愿望，看到自己的帮助对他们生活的影响，这有利于增强孩子的公益慈善愿望。

3. 让孩子自己组织慈善活动

想对孩子进行进一步的慈善教育，父母不妨建议孩子从一个参与者转变为一个慈善活动的组织者。比如，可以鼓励孩子召集他的小伙伴们在小区广场摆一个"跳蚤市场"，卖自己的旧玩具、书、衣物等，然后用得到的钱捐给需要帮助的人或慈善组织机构。在这个过程中，孩子一定会学到和感受到更多慈善的作用和意义，以及更多的东西。

💲 **财商小课堂**

第一部有关慈善的法律

2016年3月16日，第十二届全国人民代表大会第四次会议通过了《中华人民共和国慈善法》，这是中国第一部基础性、综合性的慈善法律，具有划时代的意义。慈善法第八十八条明确提出了慈善教育的任务，即"国家采取措施弘扬慈善文化，培育公民慈善意识""学校等教育机构应当将慈善文化纳入教育教学内容"。

给孩子讲讲富豪们的慈善故事

我们常说："榜样的力量是强大的。"父母可以给孩子讲讲富豪们的慈善故事和他们的财富价值观，让他学习富豪们对待财富的态度。

1. 卡内基：拥巨富而死者以耻辱终

1911年，美国钢铁大王卡内基创立了"纽约卡内基基金会"，奠定了现代慈善事业的基础。他不主张把财富零零碎碎地分给普通百姓，而主张通过设立基金会，以企业化的方式管理。这种方式不仅使"卡内基基金会"得以历经100多年而屹立不倒，还奠定了美国现代慈善组织的基本模式。

直到现在，卡内基捐赠的图书馆依然遍布美国多个地方，他建立的主要基金会和信托基金——卡内基苏格兰大学信托基金、卡内基邓弗姆林基金会、卡内基学会、卡内基国际和平基金会、卡内基英雄基金委员会、华盛顿卡内基学会和卡内基公司仍然在运转着。

作为美国现代慈善事业的开创者，卡内基启发了包括比尔·盖茨在内的一代又一代美国人。卡内基曾留下名言，"拥巨富而死者以耻辱终"，为慈善家世代传诵。

2. 比尔·盖茨：再富也不能富孩子

2008年6月27日，比尔·盖茨悄然完成人生的又一重大转变：盖茨彻底退出微软的经营管理，只保持董事长的"虚职"，并将580亿美元财产一分不剩地捐给他与妻子共同创立的"比尔和梅琳达·盖茨基金会"，其子女将得不到一分钱。

盖茨曾在不同场合说，自己只是财富的看守者而已，要找到合适的方式使用它。对于后代，他一贯的观点是"再富也不能富孩子"。他不希望将财产留给子女，因为他认为"个人的成功只与个人努力有关，与（继承多少）金钱没多大关系"。

3. 巴菲特：不给孩子留太多钱

早些年，他就已经许下了承诺，宣布要将自己名下99%的资产捐献给慈善事业。"就我自己而言，1%的个人财富就已经足够我和家人使用，留下更多的钱既不会增强我们的幸福感，同时也不会让我们更加安康。"巴菲特这样说。

不仅如此，在2010年，巴菲特还和他的好友盖茨一起发起了"捐赠誓言"活动，号召亿万富翁生前或者死后至少用自己的一半财富来做慈善。

对于子女，巴菲特曾这样说："我想留给子女的东西，应该是足以让他们一展抱负，而不是多到让他们最后一事无成。"基于此，他的子女将来继承父亲财产的比例并不会太高，这与巴菲特不愿意让大量财富代代相传的想法是一致的。

　　巴菲特除了自己的资产以外，还有一个善款来源，那就是"与巴菲特共进午餐"的慈善拍卖活动。从2000年开始到现在，累计的"巴菲特午餐"拍得善款的全部收入都捐给美国慈善机构格莱德基金会，用于帮助旧金山地区的穷人和无家可归者。

💲 **财商小课堂**

中国十大慈善机构

　　所谓慈善基金会，就是"将私人财富用于公共事业的合法社会组织"，主要资助教育、文化、科学、医疗、公共卫生和其他社会福利事业。中国的十大慈善机构有：中华慈善总会、中国青少年基金会、中国扶贫基金会、中国妇女发展基金会、中国残疾人联合会、中国红十字会、中华环保基金会、宋庆龄基金会、见义勇为基金会、中国光彩事业促进会。

▶ 大富翁的理财经验

霍英东的传奇一生

霍英东的少年贫穷练就了他的无所畏惧，青年从海上赚来第一桶金，中年首创"卖楼花"跻身超级富豪，晚年投资内地回馈社会。霍英东的成长过程和一生的经历，其实也是香港半个多世纪以来，从一个小小货运港口变成国际大都市的人生。霍英东的人生，可以说得上是香港的历史。

霍英东原籍广东省番禺县，1923年，出身于香港一个水上人家。当霍英东来到这个世界上的时候，家境已相当困难，全靠父亲租驳船运货物维持生活，他们全家穷得连鞋都穿不上。

霍英东的父母靠着一只小驳船，在香港做驳运生意，也就是从无法靠岸的大货轮上，将货卸上自己的驳船，再运到岸边码头。霍英东7岁那年，在一次风灾中，他的父亲因为翻船被淹死了。

仅仅过了50多天，霍家的小船又一次翻在大海里，两个哥哥葬身鱼腹，连尸体都没有找回来！母亲死命抱住一块船板，侥幸被过路的渔船救下一条命。当时霍英东因为在海边找野蚝，不在船上，才躲过了这场灾难。

霍英东找到的第一份工作，是在一艘旧式的渡轮上当加煤工。可是他的身体实在太单薄了，顾得上铲煤就顾不上开炉门，刚上岗就被辞退了。那几年中，霍英东简直像俗话说的"人倒霉喝凉水都塞牙"。不过，早年的艰辛和挫折，并没有打垮霍英东，他在不断的失败中，获得了经验，积蓄起力量，等待着机会，他坚信自己总有崛起的一天！

　　第二次世界大战结束后，霍英东终于以敏锐的眼光，捕捉到了一个发财的机会。日本侵略军投降后，留下了很多机器设备，价钱很便宜，稍加修理就可以用，也可以卖出不错的价格。霍英东很想做这笔生意，于是他成了个读报迷，专门注意报纸上拍卖日军剩余物资的消息，并及时赶到现场，以内行的目光挑选出那些有价值的机器，大批买进，迅速修好后卖出。但由于缺少资金，他难以放手大干。有一次，他看准一批机器，并且在竞买中以1.8万港元中标。有一个工厂老板也看中了这批货，愿意出4万港元从他手中买下，霍英东净赚了2.2万港元，这是他在那几年中赚到的最大一笔钱，为他积累了最初的资本。

　　抗美援朝战争结束后，霍英东就预料到，香港航运事业的繁荣，必然会带来金融贸易的发展，而这又将促进商业及住宅楼的开发。于是他抢先把经营重点转向了房地产开发。1954年12月，霍英东拿出自己的120万港元，另向银行贷款160万港元，在香港铜锣湾买下了他的第一幢大厦，并创办了立信建筑置业有限公司。开始，他也和别人一样，自己花钱买旧楼，拆了后建成新楼逐层出售。这样当然可以稳妥地赚钱，可是由于资金少，发展就比较慢。一个偶然的事件，令霍英东得到了启发，他决定采取房产预售的方法，利用想购房者的定金来盖新房！这一创举使霍英东的房地产生意顿时大大兴隆起来，一举打破了香港房地产生意的最高纪录。当别的建筑商也学着采用这个办法时，霍英东已经赚到了巨大的财富。他当上了香港房地产建筑商会会长，会内有会员300名，拥有香港70%的建筑生意。

所以，有人把霍英东称为香港的"土地爷"。

3~6岁儿童财商测试

在测试过程中，请父母全程参与，特别注意观察和记录孩子的反应，当孩子遇到不明白的概念时，要给予适当的说明和解释以帮助孩子顺利完成本测试。

1. 在得到压岁钱或零花钱之后，你的孩子把大部分钱存起来吗？

A. 是 　　　 B. 否

2. 他（她）经常是为自己想得到的特别的东西才要钱吗？

A. 是 　　　 B. 否

3. 当你去旅行的时候，你的孩子想给朋友们买纪念品或小装饰品吗？

A. 是 　　　 B. 否

4. 你的孩子会经常丢钱或把钱放错地方吗？

A. 是 　　　 B. 否

5. 你的孩子喜欢把钱放在储蓄罐里或是存在他（她）的银行账户里吗？

A. 是　　　　B. 否

6. 当你拒绝买比萨饼或汉堡包时，你的孩子提议要自己付钱吗？

A. 是　　　　B. 否

7. 你的孩子把"别人都有"当作买东西的理由吗？

A. 是　　　　B. 否

8. 孩子花自己的钱时犹豫吗？

A. 是　　　　B. 否

9. 在购物时，你的孩子的许多话是以"我想要"开头的吗？

A. 是　　　　B. 否

10. 当你的孩子在学校里过得不愉快时，他建议你们去购物吗？

A. 是　　　　B. 否

11. 如果你的孩子看到地上有一角钱，他会把钱捡起来吗？

A. 是　　　　B. 否

12. 你的孩子经常要买和最近的热门电影有关的商品吗？

A. 是　　　　B. 否

13. 你的孩子喜欢收集东西吗？

A. 是　　　　B. 否

14. 你的孩子关注报纸上的降价广告和商家优惠吗？

A. 是　　　　B. 否

15. 你认为你的孩子太"慷慨"吗？

A. 是　　B. 否

测评结果说明

下面的答案仅供父母参考，父母不用拘泥答案本身，可以根据自己家庭和孩子的实际情况来判定答案的正确与否。

如果对问题3、4、6、7、9、10、12、15回答"是"居多，表明他（她）是个挥霍者。

如果对问题1、2、5、8、11、13、14回答"是"居多，表明他（她）是个节俭者。

如果两者相当，表明孩子消费时受情绪影响较大，做事计划性不强。

7～12岁儿童财商测评

测试前需要父母准备一些工具：2支不同颜色的笔，尺子，计算器，10个1元硬币，一张10元的纸币，1元、2元、5元纸币各5张，1张用餐的发票，白纸若干张。

说明：本测试共有20道题目，每题5分，答错不扣分，以争取得到尽可能多的分数为佳。

在测试过程中，请父母全程参与，要特别注意观察和记录孩子的反应，当孩子遇到不明白的概念时，要给予适当的说明和解释以帮助孩子顺利完成本测试。

1. 你每个月的零花钱有多少？

2. 请父母从准备好的一堆零钱中随机选出一些，让孩子马上算出总数。

3. 如果有一套飞机模型要300元，你要几个月可以攒够钱？平均每个月需要攒多少？

4. 如果有人拿一张10元的纸币要你给他换成零钱，请尽可能多地列举出你所想到的组合。

5. 你手里有一盒巧克力，而你的朋友手里有一包果冻，如果你想吃果冻，你会怎么做？

6. 你手里有一盒巧克力，而你的朋友只有10元钱，如果他跟你说想吃你的巧克力，你会怎么做？你会对他说什么？

7. 请你在纸上写下或画出你午饭吃的是什么。

8. 请在你刚才写（画）过的纸上给每一样东西标上一个你认为正常的价格。

9. 如果你的好朋友借了你10元，并说在第二天会还给你，但是第二天他还没还给你，你觉得他对吗？你会怎么做？

10. 假如现在给你50元，你马上花掉可以吃2次肯德基，但是如果你等到一星期以后再花，就可以多吃一个汉堡，你会怎么做？

11. 你上次和父母去饭店吃饭，服务员收钱后还给了你们一张写着用餐金额的发票，你知道是为什么吗？

12. 你和妈妈去超市买橘子，有的标价是3元一斤，有的标价是5元两斤，还有一种是8元一堆，你只有10元，为了买到最多的橘子，你会买哪一种？

13. 你现在只有15元，需要买一个文具盒，有一种好看的，价格是20元，还有一种比较简单，价格是10元，你会买哪一种？

14. 妈妈给你50元，要你去买些零食：1斤杏仁，每斤25元；2斤瓜子，每斤7元；5斤苹果，每斤3元。你的钱够吗？能找回多少或还差多少钱？

15. 你买了100股股票，在星期一的时候是10元一股，星期二每股跌了10%，星期三每股又涨了10%，星期四和星期五各涨了5%，那么星期五结束的时候你的股票总价值是多少？

16. 请按照上面的题目，在纸上画出你的股票走势。（提示：一个坐标。横轴是时间，从周一到周五；纵轴是价钱，以元为单位。）

17. 你现在住的房子面积总共有多大？（父母可提示）如果现在的价格是每平方米7000元，那么你住的房子的总价是多少？

18. 如果你每天用2个小时的自由活动时间帮助邻居遛狗，就可以得到20元的报酬，但是你也可以用这2个小时打游戏花掉20元零花钱，你会怎么做？

19. 假如你不小心弄坏了朋友的飞机模型玩具，你会赔他一个新的，还是赔他买玩具的钱，还是口头道歉呢？

20. 你会给你明年的花费制订预算计划吗？如果你会制订预算计划，你通常多久制订一次？如果不是，你是否知道自己现在总共有多少零花钱？

测评结果说明

下面的答案仅供父母参考，父母不必拘泥答案本身，可以根据自己家庭和孩子的实际理解来判定答案的正确与否。

0~30分：

其实您的孩子已经拥有了一些简单的财务概念，虽然还没有太深入，但有足够的好奇心和求知欲，所以不用担心，现在开始完全来得及。财商教育本身就是一个长时间培养熏陶的过程，多看看本书提供的方法，对孩子循循善诱，您的孩子在财商方面会突飞猛进的。

30～60分：

您的孩子已经拥有相当水平的理财知识。您可以有针对性地选择那些他还不太熟悉的知识和理念进行教育。当然，更多的时候要鼓励他大胆参与更多理财实践，独立理解金钱、价格、交易等常用概念，锻炼他在生活中灵活运用理财知识的能力。

60～80分：

您的孩子可以掌握独立处理个人财务问题的能力，他已经拥有了非常良好的理财素养，当长大成人后，他会是个精明能干的专业人才或企业家。如果您能更有针对性地阅读本书，和您的孩子一起沟通互动，让他更深入地理解财富理念，树立正确的金钱观，那他未来所拥有的将不仅是简单的财富，而是更美好的人生。

80～100分：

您的孩子在理财方面是很优秀的，他所拥有的财商将让他在今后的财富生活中更加成功。如果您能选取本书的精华理念，悉心引导孩子的财富观念，那么他手中的财富将成为造福他人和社会的神奇力量。

培养孩子财商的小游戏

财商小游戏1：识硬币，买东西

许多父母害怕钱上面有各种细菌，其实也不用怕，钱也没有您想象的那么脏。比如说硬币，我们可以把它洗干净，然后再用蒸锅上汽蒸上几分钟消消毒。然后，父母可以把消过毒的硬币作为孩子的玩具（前提是父母要向孩子说明这个东西不能果腹也不能啃着玩）。比如，父母可以把硬币放在一张白纸的下面，用铅笔在白纸上拓出硬币的图案，然后再把每种货币的价值写在相应的位置，通过这种游戏，孩子就可以认识到钱是怎么一回事了；对于稍大一点儿的孩子，父母还可以告诉他，多少枚这样的硬币可以换回来孩子心爱的某样东西。

认识了钱后就要学会支付钱，父母带孩子去逛超市时，可以让孩子自己去结账付钱，让他知道各种可爱的零食、玩具都是可以用"一张纸"换来的，让孩子初步了解钱和交易的概念。

财商小游戏2：找零钱

在这个游戏中，孩子扮演的是一家银行职员，而妈妈扮演的是来银行换零钱的顾客。首先让孩子将各种面值的硬币分别堆在几个小盘子里，然后妈妈"当当"敲门，对孩子说："先生（小姐），请帮我把这1元钱换成零钱。"孩子接过钱来，捧给妈妈10个1角硬币，也可以是9个1角硬币加10个1分硬币。

这个游戏不但能培养孩子的理财观念，还能帮助孩子打下学习数学的基础。

财商小游戏3：购物小冠军

等孩子有了购物概念时，妈妈可以和孩子玩购物游戏。在这个游戏中，孩子可以扮演顾客，妈妈可以扮演勤奋的店员。妈妈先摆出几样孩子喜欢的玩具或糖果，然后模仿店员吆喝叫卖，这时候孩子手里拿着硬币走过来问："一盒瑞士糖多少钱？""四块五"，于是孩子数出五个1元硬币给妈妈，妈妈将瑞士糖连同1个5角的硬币找零一起递给孩子，并说："您的货品和找零，货款请当面点清，离柜概不负责。"

这个游戏可以让孩子通过比较得出"贵"和"便宜"的概念，并且随着孩子计算能力的增强，可以由买1件东西，逐步扩充为买2件、3件东西。比如，10元一辆玩具汽车、8元一个铅笔盒、5元一杯果汁、2元一块糖果、1元一块动物饼干……每次只给孩子10元钱，孩子会慢慢学会自己搭配选择，从而让孩子知道：自己手里的钱是有限的，买了贵的东西，就不能买其他的东西了；便宜的东西可以多买几样；如果手里一分钱都没有，就什么东西也不能买。让孩子从小了解金钱的分配，并建立购物时根据金钱额度进行调整的能力，这是儿童学习理财的第一步。

财商小游戏4：宝贝聪明选

当孩子的储蓄罐里有一定数量的硬币积累了，妈妈应该允许孩子拿出来一部分钱用来消费。妈妈可以给孩子提供他平日额外的玩具和物质享受，但也要提醒他："现在你的钱已经足够买一包冰淇淋了，但是如果你继续积累到下个月，就有可能足够买你最喜欢的变形机器人了。"

斯坦福大学的研究实验表明，愿意延迟享乐以追求未来奖赏的孩子，长大后的成就比追求立即享乐的孩子大得多。因此，父母在培养孩子财商的过程中要注意：给孩子无限多的冰淇淋和变形机器人不是疼爱孩子，而是不自觉地限制了孩子发展延迟享乐的能力，进而局限了孩子未来成就的高度。所以如果您希望自己的孩子发展出延迟享乐的能力，一定要培养他正确的金钱观念。

财商小游戏5：用大富翁棋学理财

这个财商小游戏可以用实物棋盘来玩这个游戏，也可以在电脑上玩这个游戏。

大富翁棋可以说是孩子学习投资理财的入门工具，妈妈和孩子（大一点的孩子）可以一起玩大富翁棋，通过游戏告诉他，钱可以买到什么，而其他玩家"到访"自己的物业就可以获得额外收入，但投资过程中也可能因为过度支出而导致投资失败甚至破产，孩子会在这个游戏中学会量入为出，了解投资风险的相关知识。

玩大富翁棋时，妈妈不用一开始就不停地向孩子灌输"最聪明投资法"，而是要允许孩子在失败中学习和收获。比如孩子一开始可能会"贪婪"地抢购，而不去考虑手里资金的多少，以致最后虽然拥有最多固定资产，却是最早破产的人，由此让孩子从游戏中学到流动资金的重要性。

注意：大富翁棋盘有很多城市，每个城市的价格不一样，中间有命运和机会各两处的停靠点。每当走到空地可以买，再走到此处可以盖房，别人走到你的地上必须付过路费。还有四个停靠点（走到就停止一回合）、两个骰子、四种不同颜色的小车及若干货币。

财商小游戏6：讨论贫困地区人们的生活

虽然一些父母很少能抽出时间带孩子到一些偏远的贫困地区体验当地人的生活，但父母也可以和孩子适当进行讨论，使孩子明白一切都是来之不易的。

在开始讨论前，父母先准备一些贫穷地区的录像节目，让孩子看看当地人们的居住环境及生活情况，比如当地孩子们的上课、读书、吃饭等日常生活片段，然后和孩子展开讨论，比如："为什么我们的房子这么漂亮，他们的却那么简陋？""当狂风暴雨来临时，你要是住在那间小屋，你会感到害怕吗？""为什么他们的生活那么艰苦，甚至他们要走一个多小时的路才能到学校，但读书还是那么勤奋？"

在讨论过这些问题以后，父母可引导孩子做一个分析，研究一下他们与贫穷地区的人们在日常生活消费方面的不同。

财商小游戏7：价格小专家

有时候，孩子会向父母要钱买名牌衣服或鞋子。这时父母可利用这个机会，让孩子自己分析，究竟这些昂贵的名牌是否物有所值。比如孩子想买一双耐克鞋，父母可引导孩子做一个简单的研究表格，分析不同牌子的原产地及质量，然后估计这个牌子的广告是不是经常在电视及杂志可以看到，最后填上每种牌子的价格。

孩子完成这个表格后，父母可与他进行讨论，比如价格与质量是否成正比？广告越多的品牌，货品的价格是否就越贵？在经过这些有趣的讨论后，孩子就会大体明白价格与各种因素的关系，然后选择最适合的产品，做一个精明的消费者。

财商小游戏8：梦想计划表

孩子的梦想是天马行空的，但要想让他的梦想变成要实现的目标时，就必须要有系统地、有目标地列清楚，以方便制作理财计划。这时，妈妈可以引导孩子做一个梦想计划表。

当孩子把自己的财务目标以及它们的先后次序都计划好后，父母要引导孩子根据计划预算的日期设计一张表格。在表格中，除写上计划的内容外，也要填上预计实行的日期，以及每项计划所需的金额等。

表格填好后，让孩子把所有计划的金额加起来，检查是否符合实际情况。比如孩子每月只有50元零用钱，也没有多少储蓄，怎样才能在三个月后购买一双几百元的运动鞋？当遇到这种情况时，父母可以和孩子一起研究和讨论解决的办法，比如可否买一双较便宜的运动鞋？可否把购买鞋子的日期延后？经过这些有趣的讨论以后，孩子的"梦想计划表"就能够完成了。